# BLOOD



나라 노부오 지음　정이든 옮김

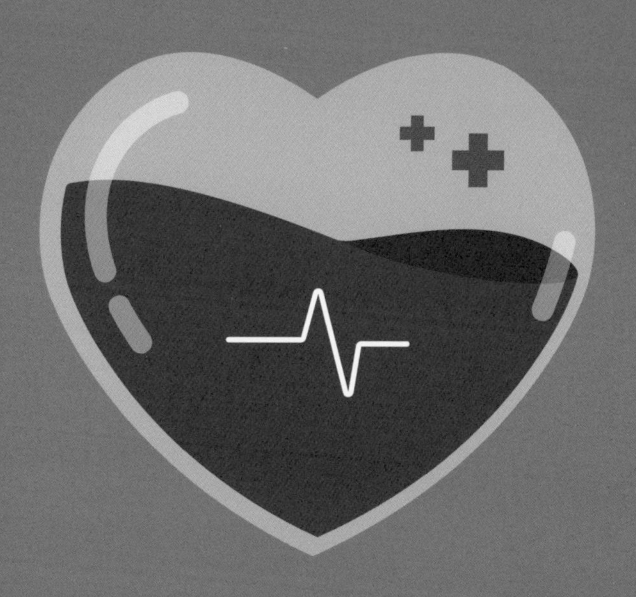

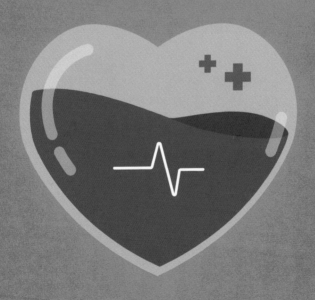

보이지 않는 질병을 확인하는 가장 정확한 방법

## 나라 노부오(奈良信雄)

1975년 도쿄의과치과대학교 의학부를 졸업한 의학 박사로, 도쿄의과치과대학의 의치학교육시스템 연구센터의 교수를 역임했다. 전문 분야는 임상혈액학(백혈병 진단 및 병태 분석), 진단유전학, 의학교육이다.

주요 저서로는 『一滴の血液で体はここまで分か る 한 방울의 혈액만으로도 알 수 있는 내 몸』〈NHK 출판〉, 『これでわかる病 院の検査 병원 검사의 모든 것』〈전파과학사〉, 『遺伝 子診断で何ができるか 유전자 진단으로 무엇을 할 수 있을까』〈아카데미서적〉, 『白血病を治す 백혈병의 치료』, 『病院の検査がわかる本 병원 검사 설명서』, 『名医があかす「病 気のたどり方」事典 명의가 알려주는 질병 자가 진단 사전』, 『病院の検査 の意外な「落とし穴」がわかる本 병원 검사에 숨은 함정』〈講談社〉, 『地獄の沙汰も 医者しだい 모든 것은 의사 손에 달렸다』 〈集英社〉, 『病院検査 のここが知りたい 병원 검사는 왜 그럴까』〈羊土社〉, 『病気 がわかる自己診断早わかり事典 빠르게 이해하는 질병 자가 진단 사전』〈主婦と生活社〉 등이 있다.

**• 일러두기**

본 도서는 2009년 일본에서 출간된 나라 노부오의 『血液のふしぎ』 를 번역해 출간한 도서입니다. 내용 중 일부 한국 상황에 맞지 않는 것은 최대한 바꾸어 옮겼으나, 불가피한 경우 일본의 예시를 그대로 사용했습니다.

'오래, 건강하게 살고 싶다', '아프지 않았으면 좋겠다'.

동서고금을 막론하고 인간이라면 누구나 바라는 소원이다. 하지만 지구에 사는 수많은 생물 중 하나에 불과한 인간은 누구나 언제든 병에 걸려 건강이 나빠질 수 있다. 심지어 생명을 위협하는 위중한 병에 걸릴지도 모른다. 인간은 질병을 완벽하게 피할 수 없다. 그렇다면 적어도 병에 걸렸을 때 최대한 빨리 건강을 회복하는 게 최선이다.

질병을 일으키는 원인은 다양하다. 먼저, 세균이나 바이러스 같은 병원체가 체내로 침입해 건강을 해칠 수 있다. 예로부터 두창, 페스트 같은 전염병은 수많은 사람의 생명을 한꺼번에 앗아가기도 했다. 제2차 세계대전 이전에는 결핵에 걸려 젊은 나이에 목숨을 잃는 사람도 많았다. 그리고 오늘날도 여전히 우리는 신종 인플루엔자 등과 같은 전염병에 노출돼 있다.

다행히 여러 항생제가 개발되면서 감염증으로 인한 사망자 수는 감소하기 시작했다. 그러나 인체를 구성하는 세포 자체의 변이로 발생하는 질병도 있다. 바로 암이다. 현재 일본은 서구화된 식습관 등이 원인이 되어 인구 약 3명 중 1명이 대장암, 폐암, 유방암 같은 악성 종양으로 사망하고 있다.

인체 대사의 이상으로 발생하는 병도 있다. 콜레스테롤 같은 지질 대사에 이상이 생기면 동맥경화가 진행되고, 동맥경화가 심해지면 심근경색이나 뇌경색이 올 수 있다. 혈액 속 요산 농도가 높아지면 통풍이나 요로 결석을 앓게 된다. 내분비계 이상은 바제도병이나 하시모토병 등을 유발한다. 또, 면역 체계 이상으로 발생하는 아교질병에는 류마티스관절염, 전신홍반루푸스 등이 포함된다. 이처럼 병이 생기는 원인은 정말 다양하다.

현대 의학 기술로는 아직 해결할 수 없어 발병하면 손쓸 도리가 없는 질병도 있다. 그 대표적인 예가 아프리카에서 발생했던 에볼라 바이러스병이다. 발병 원인이 정확하게 알려지지 않아 특별한 치료법도 없는 상황이다.

다만, 불치병이라 여겼던 질병도 의학과 의료 기술의 발전으로 조금씩 치료할 길이 열리고 있다. 치료법이 전혀 없다고 알려졌던 에이즈(후천면역결핍증후군)도 현재는 치료법이 개발되었고 그 치료 효과도 꾸준히 향상되고 있다.

불치병을 제외한 거의 모든 질병은 조기에 발견한다면 충분히 나을 수 있다. 나아가 본인에게 취약한 질병을 미리 파악하여 예방하는 방법도 있다. 특히, 잘못된 생활 습관으로 비롯되는 이상지혈증, 고요산혈증 같은 질환을 생활습관병은 혈액 검사를 통해 조기에 발견할 수 있다. 이런 종류의 질병은 생활 습관을 개선한다면 중증 질환으로 발전하는 것을 막을 수 있다. 우리는 혈액검사를 통해 많은 질병을 확인할 수 있다. 그 결과를 바탕으로 생활 습관을 개선하면, 심근경색처럼 두려운 병조차도 예방할 수 있다.

이 책에서는 그동안 내용이 전문적이라 이해하기 어려웠던 혈액검사에 대해 알기 쉽게 설명했고 이해를 돕기 위한 그림도 여러 장 수록했다. 혈액검사의 의미와 질병의 기전을 이해하는 데 분명 도움이 될 것이다. 그리고 이 책이 모두의 건강 유지와 증진에 보탬이 되길 바란다.

나라 노부오

## 제3장 혈액형을 둘러싼 진실과 거짓



## 제4장 혈액이 생성되고 흐르는 과정



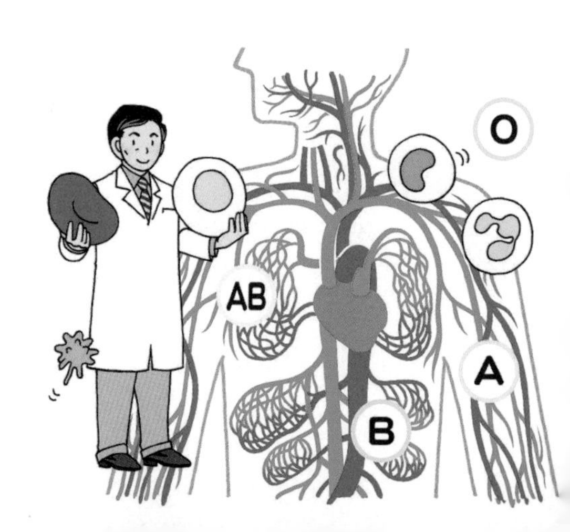

## 제5장 혈액과 면역, 알레르기



## 제6장 혈액의 구조와 적합성



## 제7장 진화를 거듭하는 최신 혈액 연구

제1장

# 혈액검사로 알 수 있는 질병과 질병 위험군

# 어떻게 혈액검사로 병에 걸린 것을 알 수 있을까?

혈액의 약 55%는 물(액체 성분)이다. 그리고 약 45%는 적혈구, 백혈구, 혈소판으로 구성된 혈구가 차지하며, 그밖에 미량의 난백질, 지질, 당질, 전해질, 호르몬, 무기질, 비타민, 효소 등이 있다.(**오른쪽 표**).

병에 걸리면 이런 혈액 성분에 변화가 생긴다. 예를 들어 당뇨병은 혈중 포도당 농도가 높아지고, 백혈병의 경우 백혈구 수가 달라진다. 또, 간염은 간세포가 파괴되어 혈중 효소 농도에 이상이 생긴다.

이런 원리로 혈액 성분을 확인하면 질병 여부를 판단할 수 있다.

## ● 질병이 보내는 신호

병에 걸리면 우리 몸에 다양한 이상 증상이 나타나기 시작한다. 예를 들어, 감기에 걸리면 목 안쪽이 빨갛게 부어 통증이 생기고 열이 나거나 기침, 콧물이 나온다. 위궤양이 생기면 배가 콕콕 찌르듯이 아프고 심하면 검은 변을 본다. 류마티스관절염의 경우는 손가락과 같은 관절이 아프고 부어오른다. 급성간염은 식욕이 완전히 사라지고 피부가 노랗게 변하는 황달 증상을 보인다.

이처럼 병에 걸리면 특징적인 자각증상이 나타나거나, 주변에서 몸에 이상 반응을 알아차린다. 증상이 겉으로 드러나는 이유는 체내에 화학 물질이 비정상적으로 생성되거나 신경이 자극받기 때문이다.

## 혈액의 구성

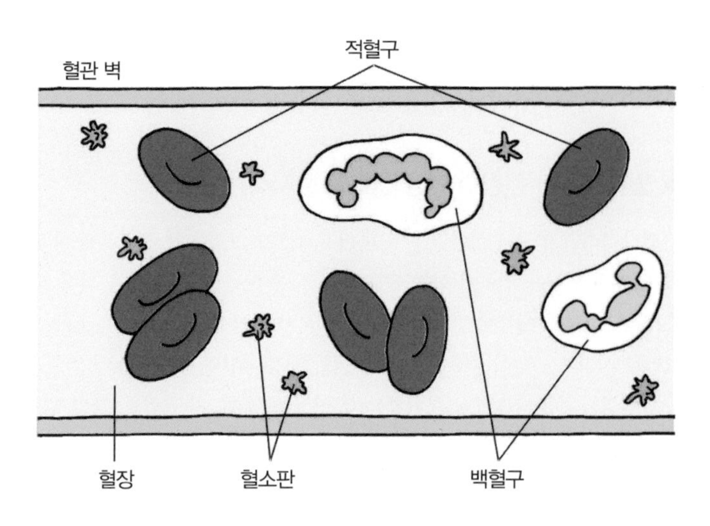


## 혈액의 구성 성분

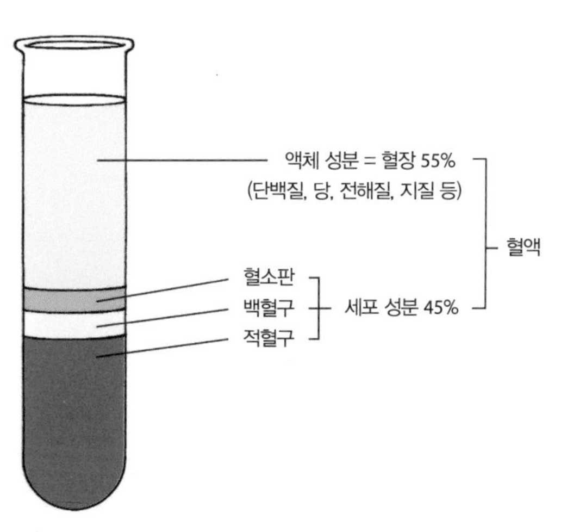

비유하자면 아픈 몸이 노란 신호를 보내며 구조 요청을 하는 셈이다. 그렇지만 위궤양의 경우, 출혈로 인해 검은 변이 나오고 혈압까지 떨어진 상황이라면, 이미 노란 신호를 넘어 빨간 신호가 켜진 상황이다. 즉시 입원해서 치료받지 않으면 생명이 위태로울 수도 있다.

## ● 혈액검사는 건강의 이상 신호를 탐지하는 레이더

인간이라면 누구나 살아있는 동안 아프지 않고 오래도록 건강하길 바란다. 하지만 인간은 지구에 사는 수많은 생물 중 하나일 뿐, 질병을 피해 갈 수 없다. 그렇기 때문에 건강에 적신호가 켜지기 전 단계인 노란 신호에서 치료를 시작하는 것이 중요하다. 이때 적합한 검사가 바로 혈액검사다.

혈액검사는 혈액 성분을 분석해 몸에 이상이 생겼는지 확인할 수 있으며 실제로 질병에 걸린 경우에 얼마나 심각한 상태인지도 파악할 수 있다. 또, 자각증상 없이 숨어있는 질병도 발견할 수 있다. 국가건강검진과 개인종합건강검진에 혈액검사가 포함된 이유는 특정 질환에 걸리기 쉬운 체질을 찾아내거나 질병을 조기에 발견하기 위해서다.

말하자면 혈액검사는 질병이란 적을 사전에 탐지하는 레이더 역할을 한다고 볼 수 있다.

## 온몸에 퍼져있는 혈관

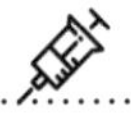

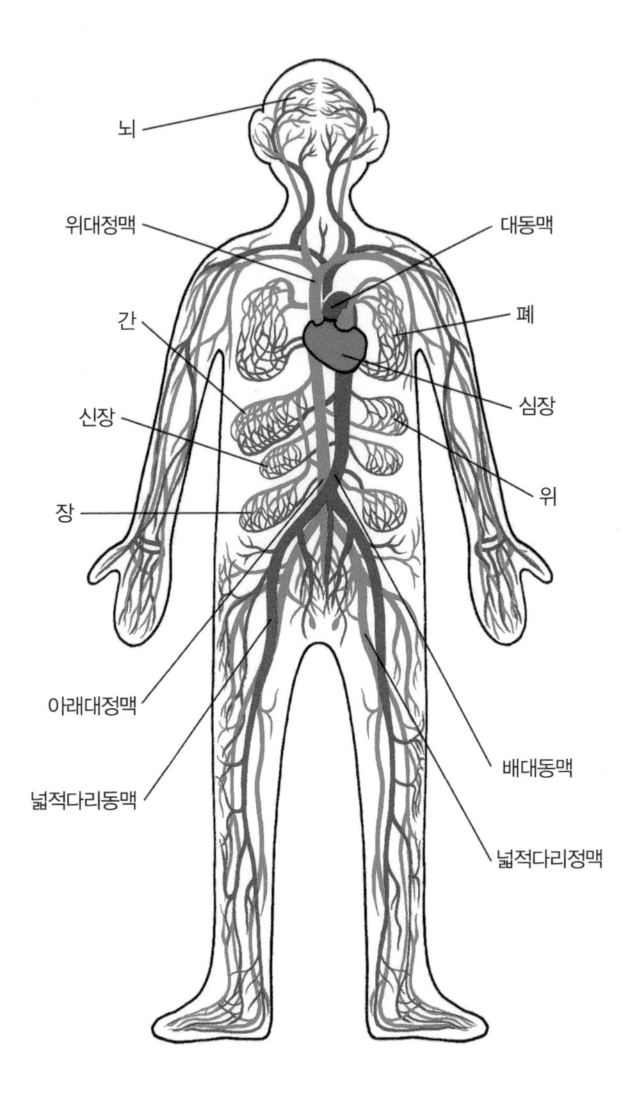

뇌
위대정맥
대동맥
간
폐
심장
신장
위
장
아래대정맥
배대동맥
넓적다리동맥
넓적다리정맥

# 혈액검사로 알 수 있는 질병과 알 수 없는 질병

척 보면 다 안다는 용한 점술가만큼은 아니지만 **혈액검사**를 통해서도 많은 질병을 알아낼 수 있다. 병에 걸리면 대부분 혈액 성분에 이상이 생긴다. 이 점을 이용해서 질병을 진단할 수 있다. 또, 병의 경중과 경과도 알 수 있다.

## ● 혈액검사로 알 수 있는 질병

혈액검사는 혈액을 구성하는 성분들의 양을 측정하고 그 수치를 바탕으로 건강 상태를 판단한다. 예를 들어 정상적인 혈액에 없는 백혈병세포나 세균이 발견되면 질병을 진단할 수 있다. 특정 혈액 성분의 수치에 이상이 생기는 대표적인 병은 흔히 고지혈증이라고 알려진 이상지혈증, 당뇨병, 고요산혈증, 신장질환, 빈혈, 내분비질환 등이 있다.

**이상지혈증**의 경우 혈액에 콜레스테롤이나 중성지방과 같은 지질이 많아진다. 따라서, 혈액 속 지질 농도를 측정하여 수치가 정상 범위를 넘었는지, 높다면 얼마나 높은지에 따라 진단한다. 또, 지질 중에서도 좋은 콜레스테롤이라 불리는 HDL 콜레스테롤은 수치가 낮으면 문제가 된다. 과거에 사용하던 고지혈증, 혈액 속 지방이 많다는 뜻의 명칭은 이런 부분을 설명하는데 적합하지 않아 현재는 이상지혈증으로 바꿔 부르고 있다.

이상지혈증과 같은 원리로 **당뇨병**은 혈중 포도당 농도, **고요산혈증**은 요산 수치, **신장질환**은 요소질소와 크레아티닌 같은 노폐물의 농도, **빈혈**은 적혈구 속 헤모글로빈 수치, **내분비질환**은 내분비계 호르몬 수치가 병을 진단하는 기준이 된다.

한편, 정상적인 혈액에 없는 성분이 검출되면 이를 토대로 질병을 진단하기도 한다. 그 대표적인 예가 백혈병이다. **백혈병**에 걸리면 백혈구가 암세포인 백혈병세포로 변하고, 그 암세포는 혈액과 골수에서 발견된다. 백혈병세포는 악성종양이기 때문에 검출된 즉시 백혈병으로 진단할 수 있다. 또 다른 질병으로는 세균이 혈액 속에서 증식하여 고열에 시달리게 하고 심하면 중태에 빠지게 하는 **패혈증**이 있다. 패혈증은 혈액에 세균이나 곰팡이의 일종인 진균이 있는지를 확인하여 진단한다.

## 혈액의 구성

| 혈액검사로 알 수 있는 병, 알 수 없는 병 |
| --- |
| 알 수 있는 병<br>생활습관병(이상지혈증, 당뇨병, 고요산혈증)<br>간질환<br>신장질환<br>혈액질환(빈혈, 백혈병)<br>내분비질환<br>아교질병 |

| 알 수 없는 병 |
| --- |
| 치매<br>신경질환, 정신질환<br>대부분의 암 |

그리고 류마티스관절염이나 전신홍반루프스 같은 **아교질병**은 건강한 사람의 혈액에는 없는 자가항체가 검출되며, 이 검사 결과를 바탕으로 병을 진단할 수 있다.

또, 급성간염 같은 간질환도 마찬가지다. 간은 우리 몸에 필요한 글리코겐이나 단백질 등의 각종 물질을 생성하고 노폐물을 처리하며, 약물이나 독소를 해독한다. 이처럼 다양한 역할을 담당하는 간을 인체의 공장이라고도 부른다. 또, 간 속에는 간의 기능을 원활히 수행하도록 돕는 갖가지 효소들이 들어있다. 이 효소들은 는 물질대사를 촉진하는 작용을 한다. 만약 바이러스나 약물로 인해 간세포가 손상되어 파괴되면 세포 안에 있던 수많은 효소가 혈액으로 빠져나온다. 이런 현상을 이용해 혈중 효소 농도를 측정하면 간질환을 진단할 수 있다.

지금까지 살펴봤듯이 혈액검사는 각종 질병을 진단하는데 유용한 검사법이다. 그런 이유에서 국가건강검진, 종합건강검진의 검사 항목에 반드시 포함되어 있다. 바쁜 생활에 쫓기다 보면 건강검진에 소홀하기 쉽지만, 건강을 지키기 위해서 정기적으로 검진을 받길 바란다.

참고로 일본에서 2008년부터 시행된 특정건강검진의 검사 항목을 **오른쪽에 표**로 정리하였다.

## ● 혈액검사로 알 수 없는 질병

혈액검사를 통해서 확인할 수 있는 질병은 많다. 그러나 분명 한계가 있다. 혈액검사는 질병을 진단하는 데 유용한 검사지만, 만능은 아니다.

현재 급속한 고령화로 늘어나는 질병 중 하나가 치매다. 사실상 혈액검사로는 치매를 진단할 수 없다. 뿐만 아니라, 위암처럼 특정 부위에 발생하는 암도 혈액검사로는 진단하기가 무척 어렵다. 위염, 위궤양도 마찬가지다.

하지만 의학은 지금껏 눈부시게 발전해 왔다. 현재로써는 불가능해도 머지않은 미래에서 혈액검사로 진단이 가능할 수도 있다. 그때가 되면 책 내용과 달라져 이 책이 엉터리라고 비난받는 날도 올 것이다. 실제로 과거의 현미경은 바이러스를 관찰할 수 없었지만, 전자 현미경이 등장하고 현재까지 계속 발전된 결과, 이제는 전자 현미경을 통해 새로운 바이러스를 발견할 수 있는 수준까지 도달했다.

## 특정검진의 검진 항목

| 기본 항목 | ○문진표(복약력, 흡연력 등)<br>○신체 계측(신장, 체중, 체질량지수(BMI), 허리둘레)<br>○혈압 측정<br>○의사의 진찰(신체 진찰)<br>○소변검사(요당, 요단백)<br>○혈액검사<br>• 지질검사(중성지방, HDL콜레스테롤, LDL콜레스테롤)<br>• 혈당검사(공복혈당 또는 헤모글로빈A1c)<br>• 간기능검사(GOT, GPT, γ-GTP) |
|---|---|
| 추가 검진 항목 | ※일정 기준에 따라 의사가 필요하다고 판단했을 때 실시함<br>○심전도검사<br>○검안경검사<br>○빈혈검사(적혈구, 혈색소, 적혈구 용적률) |

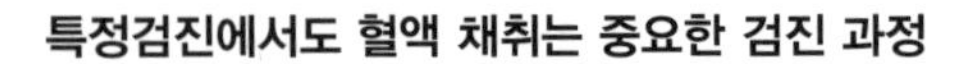

## 특정검진에서도 혈액 채취는 중요한 검진 과정

# 어떻게 혈액으로 질병을 진단할 수 있을까?

혈액을 검사하는 방법에는 무엇이 있는지 알아보자.

## ● 현미경

혈액검사에 사용하는 대표적인 기기로 현미경이 있다. 현미경으로는 혈액에 떠다니는 혈구를 관찰할 수 있다. 혈구 수를 세거나 종류를 확인하고 이상세포(**오른쪽 사진**)는 없는지 살펴본다. 이 방법으로 빈혈, 백혈병 같은 혈액질환을 진단할 수 있다.

## ● 자동화시스템

혈액에 포함된 단백질, 포도당, 지질, 효소, 호르몬 등은 화학반응을 이용하여 그 농도를 측정할 수가 있다. 오늘날 거의 모든 검사에 자동화시스템이 적용된다. 측정 항목에 따라서 사용되는 검사 기기가 다르지만, 검사 원리가 같다면 한 가지 기기로 다수의 항목을 동시에 얻을 수 있다.

규모가 큰 병원은 대형검사장비를 갖추고 있으며 혈액을 담은 채혈관을 컨베이어벨트로 운반하여 검사 효율을 높인다.(**P.20의 사진**). 소규모 병원이나 의원도 검사에 소형 장비를 이용하기도 한다.

이런 검사 장비의 도입으로 채혈 후 빠르게 결과를 확인할 수 있다. 병원에서 검사를 받은 경우, 채혈 후 15분 정도 기다리면 결과가 나오기 때문에 곧바로 진료를 받을 수 있다. 이외에도 대형 장비를 활용하면 수작업으로 검사할 때보다 결과의 정확성과 정밀성이 향상된다. 또, 한번에 처리할 수 있는 검사량이 많아진다는 장점도 있다.

이처럼 혈액검사 기술 발전의 배경에는 컴퓨터의 발달이 있다. 결과적으로 여러 사람의 혈액 검체를 오류 없이 신속하게 분석할 수 있게 된 것이다.

## 백혈병세포

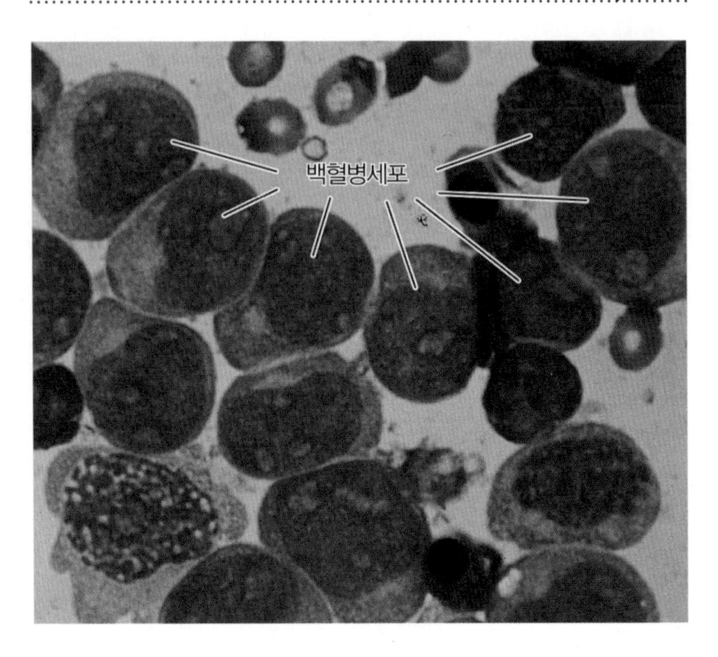

## 혈액검사 장비의 예

# 혈액검사는 어디서 할까?

혈액검사를 받고자 할 때 어디로 가야 하는지 궁금할 수 있다. 병이 의심되는 상황이라면 병원이나 의원에서 혈액검사를 받을 수 있다. 특별한 병이 없더라도 건강 상태를 확인하고 싶다면 국가건강검진이나 종합건강검진을 통해 검사를 받는 방법도 있다.

## ● 병 · 의원에서 받는 혈액검사

'갑자기 아무 이유 없이 식욕이 떨어졌다, 나른하고 피곤이 가시질 않아 괴롭다….'

만약 이런 증상이 나타난다면, 바로 병원이나 의원을 찾아가 의사에게 진료를 받아야 한다. 증상을 들은 의사는 청진기로 진찰해보고 혈액검사를 권할 확률이 높다.

식욕이 떨어지고 몸이 나른한 증상은 많은 질병에서 나타난다. 그중 대표적인 질병이 급성간염이다. 환자가 호소하는 증상이 실제로 급성간염이 맞는지 확실히 진단하고 중증도를 판단하기 위해서는 혈액검사가 필요하다.

이처럼 병원 혹은 의원은 환자의 증상이나 황달과 같이 진찰 소견을 토대로 더 정확한 진단을 내리기 위해서 검사를 시행한다. 이런 과정을 거쳐 필요한 검사 항목을 선정한다.

## ● 국가건강검진 · 종합건강검진에 포함된 혈액검사

자각증상은 없지만 몸 어딘가에 이상이 없는지 확인하기 위해서 국가건강검진이나 종합건강검진을 받는다. 기본적으로 검사 방식은 병원과 동일하다. 다만, 건강검진의 궁극적인 목적은 질병이 있는지, 없는지를 선별(screening)하는 데 있다. 이런 점으로 인해 건강검진은 병을 놓치지 않도록 검사 범위가 넓은 편이지만 비교적 검사 자체는 간단하다.

또, 국가건강검진은 직장이나 기초 지방자치단체가 맡아서 실시하지만 종합검진은 개인의 의사에 따라 진행하는 것으로 전문검진센터를 방문하여 검사를 받는다(**아래 그림**). 대부분 사전 예약제로 시행되기 때문에 검진 전 문의가 필요할 수 있다.

만약 검진 결과 이상이 발견됐다면, 해당 자료를 가지고 병원을 방문해야 한다. 병원에서 은 이상 수치를 확인하고 정밀 검사를 통해 질병 여부를 진단한다.

**혈액검사 장비의 예**

# 혈액검사는 어떤 순서로 진행될까?

지금까지 **혈액검사**가 현재의 건강 상태를 확인하는 수단으로 질병의 발견이나 예방, 또는 치료에 중요한 역할을 한다고 설명해왔다. 하지만 혈액검사의 중요성은 이해해도 자세한 검사 방법이나 전반적인 검사 과정을 알지 못하면 여전히 검사 자체가 두려울 수 있다.

그래서 지금부터 혈액검사가 실제로 어떻게 진행되는지 설명하려고 한다. 검사 과정을 알고 나면 더 이상 검사가 두렵지 않을 것이다.

## ● 혈액검사의 진행 과정

긴급 상황을 제외한다면, 병원과 건강검진기관의 혈액검사는 거의 동일한 순서로 진행된다(**P.24~P.25의 그림**). 다만, 자각증상이 있는 사람은 병원을 찾고, 자각증상을 느끼지 못해도 본인의 건강 상태를 알아보고 싶다면 건강 검진을 받는다.

병원을 방문하면 처음에 의사나 간호사가 자각증상이 있는지를 물어본다. 이를 **문진**이라고 한다. 그 밖에도 과거에 앓았던 질병, 과거의 부상 경험, 흡연이나 음주 등의 생활 습관, 복용 중인 약 등을 질문한다. 모두 현재의 건강 상태에 영향을 미치는 항목에 관한 질문이다. 답변에 민감한 내용이 포함돼 있다고 해도 밖으로 유출될 가능성은 없으니 마음 놓고 솔직하게 대답하면 된다.

다음은 진찰이다. 의사가 환자의 상태를 먼저 눈으로 확인한 다음 손으로 만져서 파악하는 촉진을 시행하고, 청진기를 이용해 신체에서 나는 소리를 듣는다. 이 과정에서 질병이 발견되는 사례 또한 적지 않다.

앞선 문진과 진찰만으로도 병을 찾아낼 수 있다. 다만 최종적인 진단을 내리기에 정보가 부족하기 때문에 확실하고 정밀한 진단을 위해서 검사를 시행한다. 검사의 종류는 소변검사, 혈액검사, 심전도검사, 방사선촬영(X-ray), 초음파검사, 내시경검사 등 다양하다. 의사가 선별필요에 따라 선별해 검사를 시행한다.

이 중에서도 가장 기본적이면서 유용한 검사가 바로 혈액검사다. 혈액은 진찰실이나 채혈하기 위해 마련된 전용공간에서 간호사나 임상병리사가 채취한다.

## ● 혈액검사는 누가 담당할까

채취한 혈액은 병원 안에 있는 검사실이나 외부의 전문검사기관으로 옮겨서 검사한다. 검사에는 대부분 자동화된 장비를 사용하는데, 기계를 다루거나 검사에 문제가 없는지 확인하려면 고도의 전문 지식과 기술이 필요하다. 또, 현미경으로 혈액을 관찰해서 평가하는 검사 항목도 있다. 이때도 역시 담당자는 높은 기술적 능력과 풍부한 경험이 있어야 한다. 혈액검사는 3년제 전문대학이나 4년제 대학에서 임상병리학을 전공하고 국가시험에 합격한 임상병리사가 담당한다.

## 혈액검사 절차

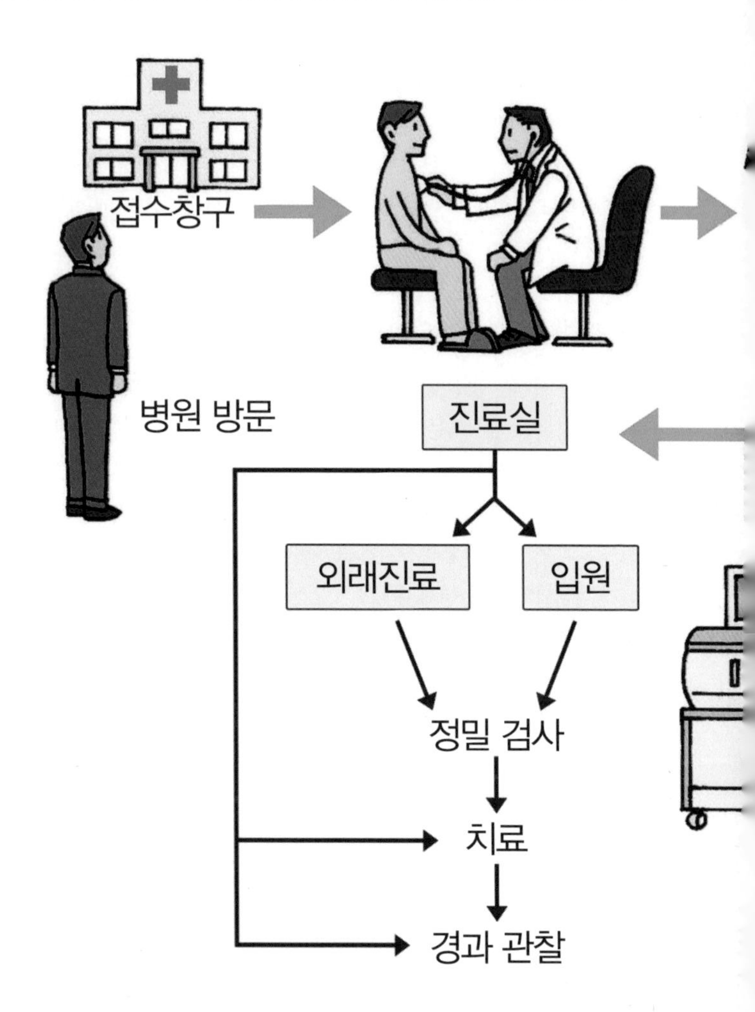

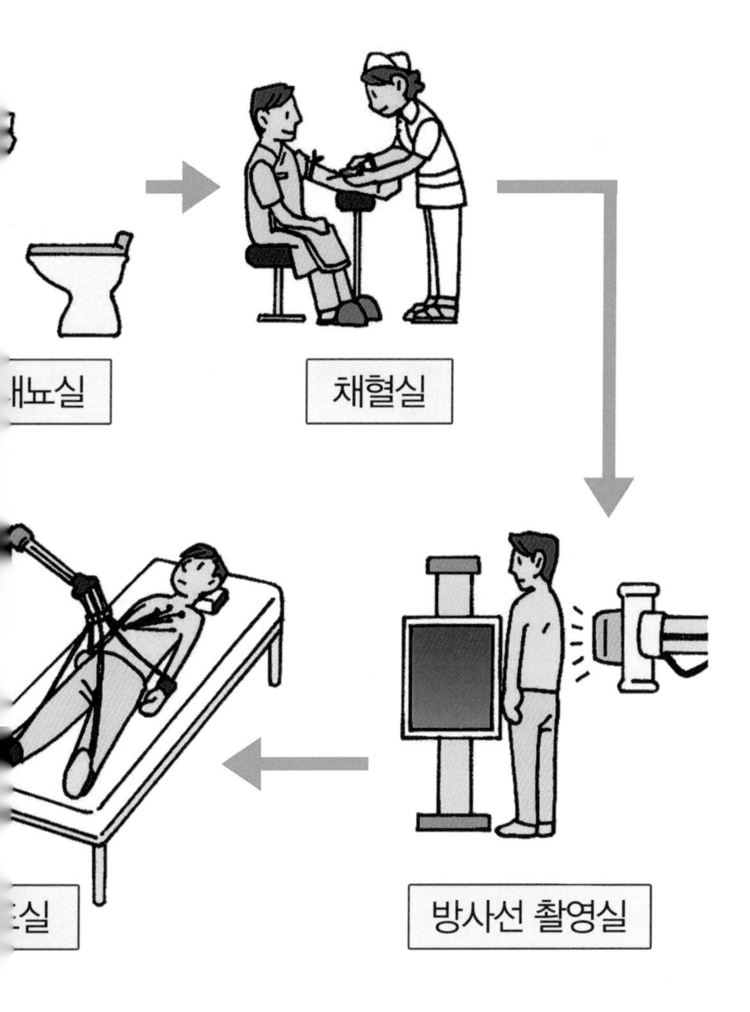
채혈실
방사선 촬영실

# 혈액검사에 부작용은 없을까?

## ● 혈액검사로 알 수 있는 질병

혈액검사로 건강을 지킬 수 있다는 것은 이해하지만, 신문이나 뉴스에서 어떤 의학적 처치든 부작용이 있다고 하는데 혈액검사를 받을 때 부작용은 없을까?

평소에 자주 듣는 질문이다. 아무리 간단한 처치라고 해도 확률은 낮지만 생각하지 못한 부작용이 생길 수 있다. 그렇다면 혈액검사에서 어떤 부작용이 일어날 수 있는지 하나씩 짚어보자.

## ● 혈액검사에서 채취하는 혈액량은?

혈액검사 안에는 다양한 종류의 검사가 포함돼 있다. 적혈구 등 혈구의 수를 세는 혈액학적검사, 단백질이나 당질 등 혈액 성분을 측정하는 생화학검사, 외부 병원체에 대한 항체나 자기 조직에 반응해 생성된 자가항체를 검사하는 면역혈청검사 등 다양한 항목이 있다. 여기에 의료 보험이 적용되지 않는 검사 수까지 합하면 더 많아진다.

이 많은 항목을 단 한 방울의 피로 모두 검사할 수는 없다. 보통은 여러 개의 채혈관에 혈액을 채취하며, 검사 수가 많아지면 필요한 혈액량도 늘어난다. 검사 목적에 따라 차이는 있으나 보통 2~40*ml* 정도를 채혈한다(**오른쪽 사진**).

생각보다 채혈량이 많다고 느낄 수도 있다. 그러나 걱정하지 않아도 된다. 우리 몸에는 체중의 약1/13 정도를 혈액이 구성하고 있으며, 체중이

60kg이라면 약 4.7ℓ의 피가 흐르고 있는 셈이다. 이는 2리터 생수병 기준으로 2~3병의 양이고 혈액검사를 위한 채혈 정도로 혈액이 부족해지는 경우는 거의 없다. 다만, 적은 양이라도 장기간에 걸쳐 자주 채혈을 한다면, 조금씩 혈액 속 철분이 손실되어 철결핍성빈혈이 생길 가능성이 있다.

## 혈액검사 절차

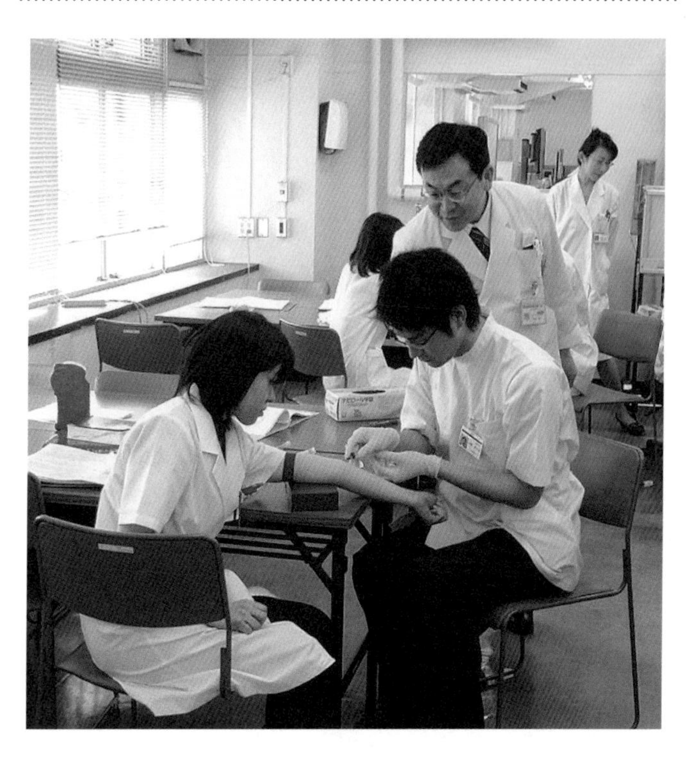

## ● 혈액검사로 일어날 수 있는 부작용은?

혈액검사를 위해 채취하는 혈액은 전체 혈액량 중 극소량에 불과해 채혈 한번 정도로 부작용이 있을 리 없다는 생각은 다소 기계적이다. 인간은 눈물 한 방울도 흘리지 못하는 차디찬 로봇이 아니다. 단 1㎖만 채혈해도, 채혈을 위해 주삿바늘만 넣기만 해도 정신을 잃는 경우가 있다. 젊은 남성에게도 종종 발생하는 이런 현상은 주삿바늘에 찔린다는 공포와 바늘이 몸에 들어올 때 느끼는 통증으로 인해 부교감신경이 활성화되고 혈압이 떨어져 쇼크가 일어나는 것이다. 물론 실신했어도 잠시 누워서 휴식하면 곧 의식이 회복되므로 크게 걱정할 필요는 없다.

### 채혈 시 발생하는 부작용의 예

① 주삿바늘을 삽입할 때 실신
② 채혈 후 생기는 멍
채혈 후에는
주사 부위를 압박한다
③ 소독에 쓰는 알코올로
인한 피부 발진

다른 부작용으로 채혈 후 주사 부위에 생기는 멍이 있다. 멍은 주삿바늘로 인해 혈관에 구멍이 생기면서 조금씩 피가 새어 나와 생긴다. 채혈이 끝나고 잠시 주사 부위를 알코올 솜으로 꾹 눌러주면 멍을 방지할 수 있다. 설령 멍이 들었다 해도 며칠 후면 사라지기 때문에 걱정하지 않아도 된다.

또, 채혈 전에 문지르는 알코올 솜 때문에 피부 발진이 생기는 사람도 있다. 이 경우에는 알코올 솜 대신 다른 소독액으로 대체하면 된다.

위생 환경이 좋지 않았던 시절에는 주삿바늘을 통한 세균 감염 사례도 있었지만, 요즘은 모두 멸균 처리한 일회용 바늘을 사용하기 때문에 감염에 대한 우려가 매우 적다.

지금까지 살펴본 것처럼 채혈의 부작용이 100% 없다고 말할 수 없지만, 일단은 안심하고 검사를 받아도 괜찮다.

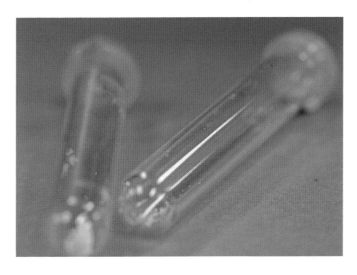

## 혈액검사 절차

# 혈액검사 결과는 어떻게 판정할까?

국가건강검진과 종합건강검진을 통해 혈액검사를 받으면 며칠 후에 결과가 나온다. 하지만 결과지를 보면서 어떻게 이런 결과가 나온 것인지, 결과 자체를 신뢰할 수 있는지 의구심이 드는 사람도 적지 않을 것이다.

이런 의문을 해소할 수 있도록 혈액검사 판정에 관해 잘 알려지지 않은 이야기를 시작해 보겠다.

## ● 결과 판정의 기준이 되는 참고치는?

건강한 사람 수백 명이 한번에 혈액검사를 받는다고 가정해보자. 항목마다 매우 다양한 결과가 나올 것이다. 사람에 따라 키나 몸무게가 다르듯이 검사 결과치도 마찬가지다. 하지만 여러 사람들의 결과치를 그래프로 나타내면 거의 모든 검사 항목이 정규분포를 이루고 대수로 변환한 값 또한 그렇다. 이때, 결과치가 가장 많이 밀집해 있는 중앙의 평균값에 표준편차의 2배를 더하거나 뺀 구간이 건강한 사람의 95%가 분포하는 영역이라고 볼 수 있다. 즉, 평균값-2×표준편차에서 평균값+2×표준편차까지의 범위(오른쪽 그림)를 의미한다.

측정치가 이 영역 안에 속하면 우선은 이상이 없다고 판단한다. 예전에는 정상치로 불렸으나, 다양한 인간을 검사 수치에 따라 정상 여부를 판정하는 것은 부적절하다고 여겨 현재는 잘 사용하지 않는다.

이 참고치는 건강검진을 시행하는 기관마다 다르게 설정되며, 만일 참고치를 벗어난다면 요주의 판정을 내린다.

## 참고치 설정 방법

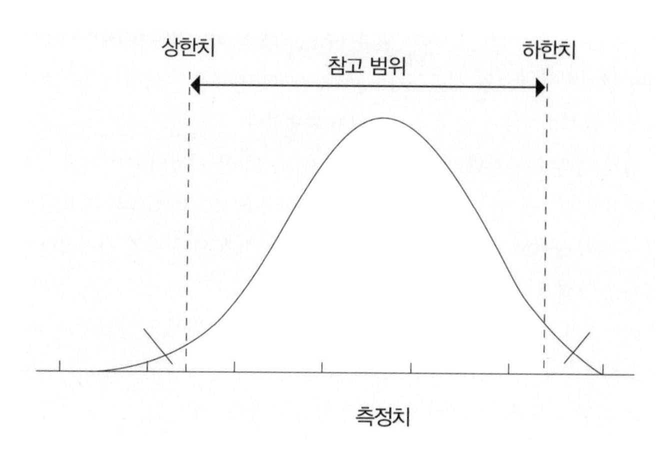


## ● 위양성, 위음성의 함정

참고치에 해당하는 사람을 이상이 없다고 진단하는 이유는 무엇일까? 본래 참고치는 건강한 사람 중 95%가 속하는 수치이다. 남은 5%도 실제로 건강하지만, 참고치를 벗어난 상태다. 이런 사람은 건강한데도 이상 판정을 받는 이른바 **위양성**이다.

반대로 참고치에 포함된다고 해서 완전히 정상이라고 확신할 수도 없다. 병에 걸리면 대부분 혈액검사의 결과치가 참고치를 벗어난다. 하지만, 참고치는 또한 임의로 정한 수치이기 때문에 건강이상자의 측정치와 겹치는 지점이 발생할 수 있다. 다시 말해, 건강에 문제가 있는데도 건강하다는 판정을 받을 수 있고 이를 **위음성**이라 부른다.

그렇다면 우리는 위양성과 위음성의 함정을 어떻게 피할 수 있을까? 검사 결과를 종합적으로 검토해서 병을 진단하거나 경과를 지켜본 후에 판단하는 방법이 있다.

예를 들어 혈액검사에는 간질환과 관련된 여러 검사 항목이 있다. 이 검사 결과를 토대로 다각도에서 병을 진단한다. 물론 자각증상이나 의사의 진찰 소견도 유용한 판단 근거가 된다. 때로는 한 가지의 검사 항목이 질병 진단에 결정적인 정보를 제공하기도 한다. 하지만 대부분은 여러 항목을 종합적으로 분석해 위음성인지 위양성인지 판별한다.

병의 경과를 관찰하기도 한다. 참고치는 건강한 사람의 측정치를 모아 산출해낸 결과물이다. 즉, 여러 사람의 측정치를 모아서 설정한 지표인 만큼 수치가 들쑥날쑥하고 일정하지 않다. 이에 비해 한 사람의 정기적인 측정치는 그렇게 큰 변화를 보이지 않는다. 개인적으로 과거의 검진 결과와 비교한다면, 본인만의 참고치를 만들 수가 있다. 만약에 건강검진 결과가 참고치를 조금 벗어났더라도 몇 년 동안 검사 수치가 일정했고 또 본인이 아주 건강한 상태라면 건강에 문제가 없다고 봐도 무방하다.

'나무가 아닌 숲을 보는' 노력이 필요한 것이다.

## 혈액 성분을 다양한 각도에서 진단하는 것이 중요

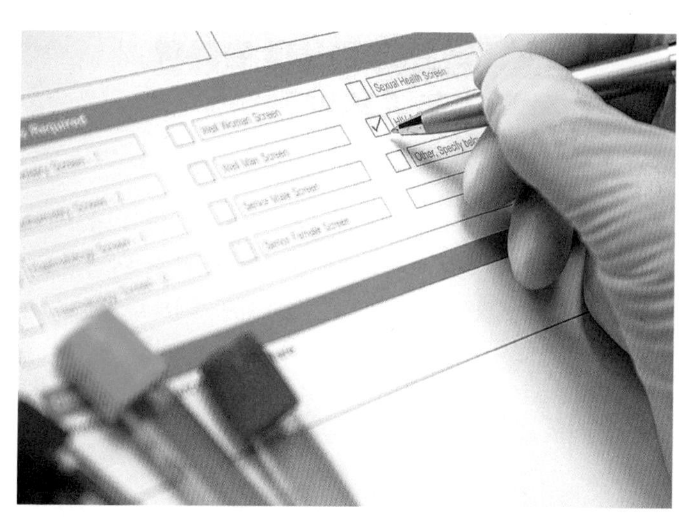


## 건강검진 결과를 종합적으로 판정하고, 경과를 지켜봐야 함

# 혈액검사에 이상이 있다면 어떻게 해야 할까?

혈액검사에서 이상이 발견되면 보통 놀라고 당황스러워한다. 결과에 따라 희비가 엇갈린다는 점에서 입학시험과 비슷하다. 다만, 입학시험은 좋은 성적을 받지 못하면 불합격하지만, 혈액검사는 검사 결과가 나쁘더라도 꼭 불합격은 아니다.

우리가 혈액검사를 받는 이유는 건강을 지키기 위해서다. 비록 결과가 좋지 않더라도 의사와 상담하여 건강 관리에 도움이 되는 방향으로 활용하면 된다.

## ● 검사 결과를 판정하는 기준

특정 증상이 나타나 병원을 찾으면, 의사는 혈액검사 결과를 바로 진단해주고, 적절한 처방이나 치료를 진행한다. 반면, 건강검진은 검사 결과를 바로 알 수 없으며, 우편 등을 통해 며칠 뒤 결과를 확인할 수 있다. 결과표를 열어보는 순간은 마치 합격자 명단을 확인하는 것처럼 긴장되어 가슴이 두근거린다.

국가건강검진이나 종합건강검진에서 나온 혈액검사 결과는 앞서 언급한 참고치와 대조하여 의사가 판정한다. 판정 결과 항목은 이상 없음, 재검사 필요, 정밀 검사 필요, 경과 관찰 필요, 치료 필요 등으로 나뉜다(**아래 표**). 이렇게 판정된 검진 결과는 의사에게 직접 설명을 듣거나, 우편 등으로 전달받을 수 있다.

## 검진 판정 기준

| A. 이상 없음 |
|---|
| B. 재검사 필요 |
| C. 정밀 검사 필요 |
| D. 경과 관찰 필요 |
| E. 치료 필요 |

### ● '재검사 필요' 또는 '정밀 검사 필요' 판정을 받았다면?

검진 결과가 **'이상 없음'**이라면 우선 안심할 수 있다. 반면, '재검사 필요'나 '정밀 검사 필요'는 검사 결과가 참고치를 벗어났음을 의미한다. 이때는 반드시 병원을 찾아 다시 검사 받아야 한다.

**'재검사 필요'**는 검사 결과가 좋지 않으니 다시 한번 검사를 받아보라는 의미다. 앞서 언급한 것처럼 결과치가 참고치를 벗어났더라도 걱정할 만한 일은 아니다. 다만, 큰 병의 전조일 가능성이 있기 때문에 더 정확하게 확인하기 위해 검사를 다시 받고 의사의 의견을 듣는 것이 좋다.

**'정밀 검사 필요'**는 건강검진 특성상 넓은 범위를 비교적 간단하게 검사하기 때문에 일부 항목에 있어 더 자세한 검사가 필요하다는 뜻이다. 예를 들어, 심전도검사에서 심장 이상이 발견되었다면, 일상생활을 하면서 24시간 동안 심전도를 기록하는 24시간 심전도검사나 러닝머신 위를 걸거나 뛰면서 심전도를 관찰하는 운동부하검사를 추가로 진행한다. 혈액검사는 워낙 종류가 다양하기 때문에 건강검진에서 모두 시행할 수 없다. 이상이 발견된 경우, 해당 부분을 다시 확인하거나 다른 각도에서 자세히 검사하는 것이 정밀 검사다.

'**경과 관찰 필요**'는 수치에 이상은 있지만, 즉시 치료가 필요할 정도는 아닌 경우다. 이때는 의사와 상담해서 정기적으로 검사를 받고 변화 여부를 관찰한다.

'**치료 필요**'는 검사 결과, 치료가 필요하다고 판정한 것이다. 치료라고는 해서 꼭 약물치료나 외과수술을 받아야 한다는 뜻은 아니다. 운동 치료나 식사요법같은 생활 습관을 개선하는 시도도 치료에 포함된다. 예를 들어, 혈액검사에서 이상지혈증과 당뇨병 진단을 받았다면, 의사의 지도에 따라 우선 운동과 식사요법으로 치료를 시작한다. 이런 노력만으로 효과를 보는 사례가 많다. 바로 이런 점이 건강검진의 가치이기도 하다.

## 200X년도 일반건강검진 결과 통보서(견본)

| 접수번호 | △△△△ | 성명 | ○○○○ |
|---|---|---|---|

| | | | | | |
|---|---|---|---|---|---|
| 청력 | 1.000Hz(30dB) | 우 | 정상 | 좌 | 정상 |
| | 4.000Hz(40dB) | 우 | 정상 | 좌 | 정상 |
| 심전도 | 소견 | | | | |
| | 판정 | 이상 없음 | | | |

| 검사 항목 | 검사결과 | 단위 | 참고치(남성) | 참고치(여성) |
|---|---|---|---|---|
| WBC(백혈구) | 64 | $\times 10^2/\mu L$ | 39~98 | 35~91 |
| RBC(적혈구) | 500 | $\times 10^4/\mu L$ | 427~570 | 376~500 |
| Hb(혈색소) | 15.3 | g/dL | 13.5~17.6 | 11.3~15.2 |
| Ht(적혈구용적률) | 45.1 | % | 39.8~51.8 | 33.4~44.9 |
| Plt(혈소판) | 22.1 | $\times 10^4/\mu L$ | 13.1~36.2 | 13.0~36.9 |
| AST(GOT) | 24 | IU/L | 8~38 | 8~38 |
| ALT(GPT) | 29 | IU/L | 4~43 | 4~43 |
| ALP | 216 | IU/L | 110~354 | 110~354 |
| γ-GTP | 89 | IU/L | 86이하 | 48이하 |
| T-chol(총콜레스테롤) | 230 | mg/dL | 130~219 | 130~219 |
| HDL-chol(고밀도 콜레스테롤) | 56 | mg/dL | 40~77 | 40~90 |
| LDL-chol(저밀도 콜레스테롤) | 143 | mg/dL | 70~139 | 70~139 |
| TG(중성지방) | 267 | mg/dL | 30~149 | 30~149 |
| 동맥경화 지수 | 3.1 | | 4.0이하 | 4.0이하 |
| UA(요산) | 5.8 | mg/dL | 7.0이하 | 7.0이하 |
| BS(혈당) | 90 | mg/dL | 60~109 | 60~109 |
| 검사 소견 | γ-GTP 수치 높음<br>이상지혈증 TG 수치 높음 | 혈액검사 NO.XXX | | |
| 사후관리 구분 | 경과 관찰 | | | |

# 혈액검사로 질병을 예방할 수 있을까?

혈액검사로 질병을 예방하는 게 가능할까? 당연히 모든 병을 막을 수는 없다. 다만, 질병에서 비롯되는 명확한 증상이나 징후가 나타나기 전에 혈액검사로 작은 이상을 포착하는 경우가 있다. 이런 이상 신호를 놓치지 않고, 생활 습관을 개선하거나 서둘러 조치하면 큰 병으로 발전하는 것을 막을 수 있다.

## ● 심각한 상태로 발전하기 전에 질병을 발견

52세 회사원이 개인종합건강검진에서 혈액검사를 받았다. 검진 결과 **백혈구** 수는 1μL당 9,400개로 다소 많지만, 참고치인 4,000~9,500/μL에 속했기 때문에 일단 '이상 없음' 판정을 받았다. 그런데 백혈구 백분율(백혈구 분획 또는 혈액상)을 살펴보니 백혈구의 여러 종류 중 하나인 **호염기구**가 6%를 차지했다.

백혈구의 종류에는 호중구, 호산구, 호염기구(**P.39의 사진**), 단핵구, 림프구 총 5가지가 있다. 일반적으로 이 중에서 호염기구 수가 가장 적어 백혈구 중 1% 이하를 차지하는데 해당 환자는 무려 6%가 나온 것이다. 그냥 지나칠 수 있는 수치지만, 경험이 많았던 의사는 곧바로 백혈구의 이상을 확인하기 위해 정밀 검사인 골수검사를 시행했다. 그 결과 **만성골수세포백혈병**이었다.

만성골수세포백혈병은 서서히 진행되는 만성 질환이다. 초기에는 증상이 전혀 없으나 병이 진행되면서 발생하는 아주 미세한 변화를 혈액검사를 통해 발견한 것이다. 본격적으로 발병하기 전에 치료를 시작했기 때문에 다행히 심각한 상태로 병이 발전하지 않았다.

이 사례는 특수할 수도 있지만, 백혈병처럼 무서운 질병도 혈액검사를 통해 조기에 발견해 완치하는 경우가 있다. 백혈병 외에도 혈액검사로 발병을 막을 수 있는 질환은 수없이 많다.

## ● 혈액검사 결과에 맞춰 생활 습관 개선

혈액검사에서 이상이 발견되어도 생활 습관의 개선만으로 호전되는 병도 많다. 대표적으로 당뇨병이 있다.

가끔씩 진료받던 환자가 어느 날 상담을 왔다. 56세인 남편이 최근에 단 음식을 계속 찾더니 살이 찌기 시작했다고 운을 뗐다. 부인이 사온 조각 케이크를 순식간에 3개나 먹어버리고, 멜론 1통도 혼자서 다 먹는다고 전했다. 평소에 술을 즐기지 않는 사람이라 그러려니 하고 넘겼는데 더는 두고 볼 수가 없어서 병원을 찾아왔다고 했다.

이야기를 듣고 혈액검사를 권했다. 실제로 검사 결과 혈당치가 무려 230mg/dL였다. 식전 혈당은 보통 110mg/dL 미만이고, 식사 후에도 200mg/dL를 넘지 않는다. 230mg/dL이면 이미 당뇨병 환자의 수치준이다. 치료 받지 않으면 높은 혈당 때문에 신장이나 눈에도 문제가 생길 수 있다.

당시 환자의 몸무게는 82kg으로 정상 체중에서 15kg 초과한 상태였다. 우선은 체중 조절부터 시작해야한다고 판단했다. 당뇨병의 심각성과 위험성을 차근차근 설명하자, 환자는 살을 빼겠다고 약속했다. 좋아하던 케이크부터 끊고, 식사량도 줄였다. 그렇게 체중 감량을 시작한 지 3개월 만에 놀랄 정도로 살이 빠졌다. 혈당을 재보니 98mg/dL로 수치가 거짓말처럼 내려갔다. 그는 약물치료 없이 당뇨병의 악몽에서 벗어났다.

당뇨병은 대표적인 생활습관병이다. 높은 혈당이 신장 등에 영향을 주기 전에 잘못된 생활 습관을 개선했고 그 결과 당뇨병을 물리칠 수 있었다. 말은 쉽지만, 그는 강한 의지로 당뇨병에서 벗어나는 데 성공했다.

이후에 그는 맞는 옷이 하나도 없어서 새로 사야겠다는 농담을 하며 외래진료를 받으러 왔다. 불룩 나왔던 배가 완전히 사라져 만족한 얼굴로 병원을 나섰다.

## 호염기구

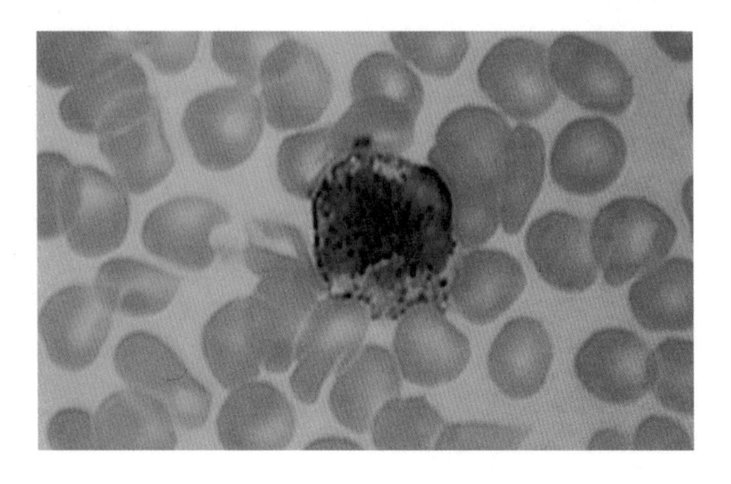

## 체중 감량을 통한 혈당 조절

① 단 음식을 즐기는 잘못된 식생활 지속

② 검사 시

체중 82kg

공복 혈당 : 230mg/dL

공복 혈당의 정상 범위

70~109mg/dL

당뇨병 환자의 공복 혈당

126mg/dL 이상

③ 체중 감량 후

공복 혈당 : 98mg/dL

# 혈액검사의 허점
# 혈액검사는 만능이 아니다!

혈액검사는 여러 가지 질병을 발견할 수 있어서 유용하다고 설명해 왔다. 분명한 사실이지만, 그렇다고 해서 혈액검사로 모든 병을 알아낼 수 있는 것은 아니다. 혈액검사를 통해 알 수 있는 병이 있는가 하면, 그렇지 못한 병도 있다. 이런 한계를 이해하고 혈액검사를 올바르게 활용하기를 바란다.

## ● 혈액검사로 암을 알 수 있을까

암은 누구나 피하고 싶고, 하루 빨리 극복하고 싶은 병이다. 지금까지 언급했던 다른 질병처럼 암 역시 혈액검사를 통해서 어렵지 않게 발견할 수 있지 않을까 생각하는 사람도 있을 것이다.

인간의 몸은 60조 개의 세포로 구성돼 있다. 이 수많은 세포가 균형을 이루면서 원활히 생명 활동을 이어간다. 그런데 그중에서 세포 하나가 균형을 깨뜨리고 주변 세포를 파괴하면서 비정상적으로 늘어난다면 생명 활동에 지장이 생기고 결국 생명을 잃을 수도 있다. 이것이 바로 암이다. 위암, 폐암을 비롯한 모든 암세포는 몸집이 커지면서 주변 조직에 피해를 준다. 암은 원래 몸을 구성하던 세포가 변한 것이다. 이른바 돌연변이다. 혈액검사로 찾아내려고 해도 말처럼 쉽지 않다.

예를 들어, 피부암이나 설암 등을 진단할 때는 혈액검사보다 멍울이 생긴 부위를 일부 잘라내서 현미경으로 검사하는 편이 더 정확하다. 폐암은 CT검사나 객담(가래)검사로 진단할 수 있다. 위암 역시 내시경을 통해 육안으로 보이는 혹을 확인하고 일부를 떼어내 현미경으로 검사한다.

이처럼 대부분의 암 진단은 혈액검사에 의존하지 않는다. 그렇지만 혈액검사로 알 수 있는 암이 전혀 없는 것은 아니다. 암세포 자체에서 만들어진 물질이나 암세포에 인체가 반응해서 만들어진 물질을 혈액검사로 확인해 암을 판별할 수 있다. 이것은 **종양표지자**라고 한다.

종양표지자를 검사하는 항목은 아주 다양하다(**P.44의 표**). 하지만 이런 종양표지자 검사로 암을 조기에 발견하기가 쉽지 않다. 암 초기에는 혈액 속 종양표지자가 극소량이기 때문에 정상 상태와 구분하기 힘들다. 암이 커지거나 전이되면 종양표지자의 양도 늘어나면서 혈액검사로 암을 확인할 수 있게 된다. 정리하자면, 종양표지자는 체내에 암이 퍼졌는지, 수술하고 완치가 됐는지, 치료 후에 재발하지 않았는지 등을 파악하는 데에 사용된다. 하지만 예외적으로 종양표지자가 암의 조기 발견에 도움이 되기도 한다. 대표적으로 전립선암이 그렇다.

전립선암은 고령의 남성에게 많이 발생한다. 초기에는 자각증상이 없다가 점차병이 진행되고 암이 커지면서 배뇨에 어려움을 겪는 등 뚜렷한 증상이 나타나기 때문에 적절한 치료 시기를 놓치기도 한다.

이런 일을 막기 위해 종양표지자인 전립선특이항원(PSA)을 이용한다. 전립선암에 걸리면 암 초기 단계부터 PSA 수치가 높게 나온다. 따라서 PSA를 확인했을 때 수치가 높은 경우 정밀 검사를 시행하면, 전립선암을 조기에 진단할 수 있다. PSA는 암을 발견하는데 유용한 종양표지자라서 국가건강검진과 종합건강검진의 검사 항목에 모두 포함되어 있다.

## 암세포의 예

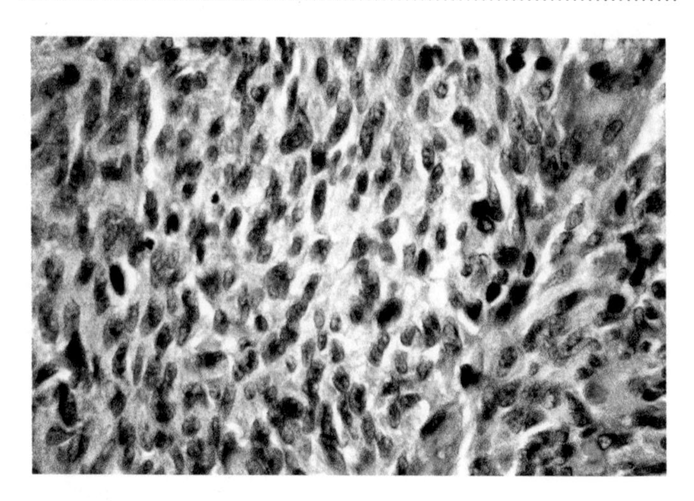

## 혈액 분석 이외의 방법으로 암을 진단

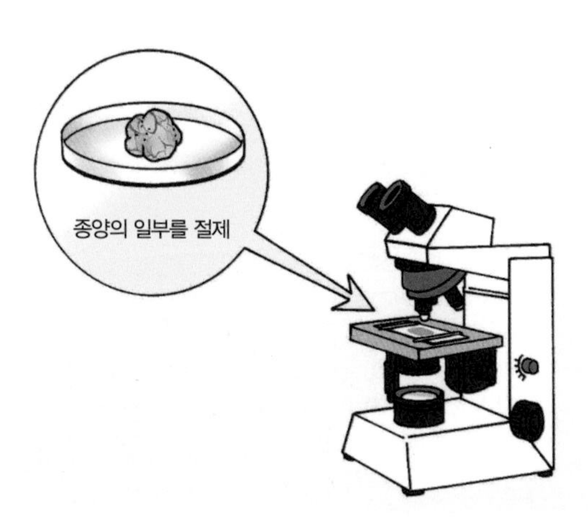

## 종양표지자

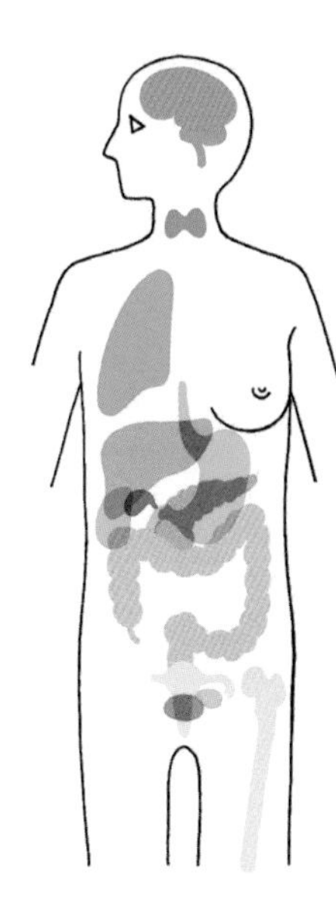

| 골종양 | 종양표지자 |
|---|---|
| 신경내분비 종양 | NSE |
| 갑상선 수질암 | calcitonin、CEA |
| 폐암 편평상피 세포암 | SCC, シフラ21 |
| 폐암 선암 | SLX, CEA |
| 폐암 소세포폐암 | NSE, Pro GRP |
| 간암 | AFP, PIVKA II |
| 유방암 | CA15-3, BCA225 |
| 위암 | CA72-4, STN, CA19-9, CEA |
| 췌장암 | CA19-9(CA50、Span-1), NCC-ST-439 |
| 담낭암 · 담도(담관)암 | CA19-9(CA50、Span-1), NCC-ST-439 |
| 신장암 | BFP |
| 대장암 | CA19-9, CEA, NCC-ST-439 |
| 자궁경부암 | SCC |
| 자궁내막암 | CA125, CA602, CA130 |
| 난소암 | CA125, CA602, CA130, CA72-4, STN |
| 전립선암 | PSA |
| 골종양 | ALP |
| 종자세포(생식세포)종양 | AFP, LDH |
| 융모암 | HCG, PL-ALP |

## ● 혈액검사 결과가 정상이라도 몸에 이상을 느낀다면 병원을 찾는다

혈액검사에서 모두 정상 판정을 받았다면 일단 한시름 놓을 수 있다. 그렇지만 숨어있는 질병이 전혀 없다고 단언할 수 있을까? 안타깝지만 그렇지 않다. 혈액검사는 분명 많은 질병을 진단해주고, 우리가 건강을 유지하고 관리하는 데도 도움이 되지만 완벽하지는 않다.

위암처럼 심각한 질환도 어느 정도 병이 진행될 때까지는 혈액검사에서 이상 소견이 발견되지 않는다. 바이러스 감염으로 발병하는 **에이즈**(후천면역결핍증후군)는 혈액검사로 진단할 수 있지만, 역시나 감염 초기에는 이상 소견이 발견되지 않는다.

**건강검진으로는 찾아낼 수 없는 질병도 있다** 

이처럼 건강검진은 만능이 아니기 때문에 검진에서 아무 이상 없다는 판정을 받아도 본인이 몸에 이상을 느낀다면 즉시 의사에게 진료 받아야 한다. 실제로 종합건강검진에서 정상 소견을 받았으나 불과 6개월 만에 설암으로 세상을 떠난 사람의 이야기를 며칠 전 지인에게 전해 들었다. 혀에 혹이 있었지만, 건강검진 결과, 특별히 이상 소견이 없어 별다른 조치를 취하지 않았다고 한다.

# 혈액으로 유전병까지 알 수 있을까?

바이러스의 감염으로 발병하는 인플루엔자나 넘어지면서 머리를 다쳐 발생하는 급성경막하혈종처럼 병원체의 침입 또는 외상과 같은 상황적 요인이 원인인 병도 있지만, 대부분의 질병에는 유전적인 소인이 숨어 있다. 이런 유전적 이상은 혈액검사로도 진단할 수 있다.

## ● 유전병의 진단

혈우병, 지중해빈혈, 근위축증 등은 유전되는 질환이며, 이를 **유전병**이라 부른다. 부모와 자식은 얼굴 생김새, 성격 등이 매우 닮아있다. 이런 일이 가능한 것은 우리 세포 속에 세포를 만들기 위한 설계도가 존재하고 이 설계도는 자손에게 대물림되며 이것에 따라 다시 세포가 만들어지기 때문이다. 이런 현상을 **유전**이라고 한다.

세포의 설계도는 세포핵 안에 위치한 **데옥시리보핵산**(DNA) 속 **유전자**에 담겨있다. DNA는 수없이 많은 염기 물질이 나열된 이중나선 구조로 유전 정보가 암호화되어 있다. 이 유전 정보는 세포핵 바깥에 있는 **리보핵산**(RNA)으로 전달되고, RNA가 운반해온 정보에 따라 단백질이 만들어진다. 이렇게 생성된 단백질은 세포의 형태나 기능을 결정한다(**아래 그림**).

## 유전 정보의 전달

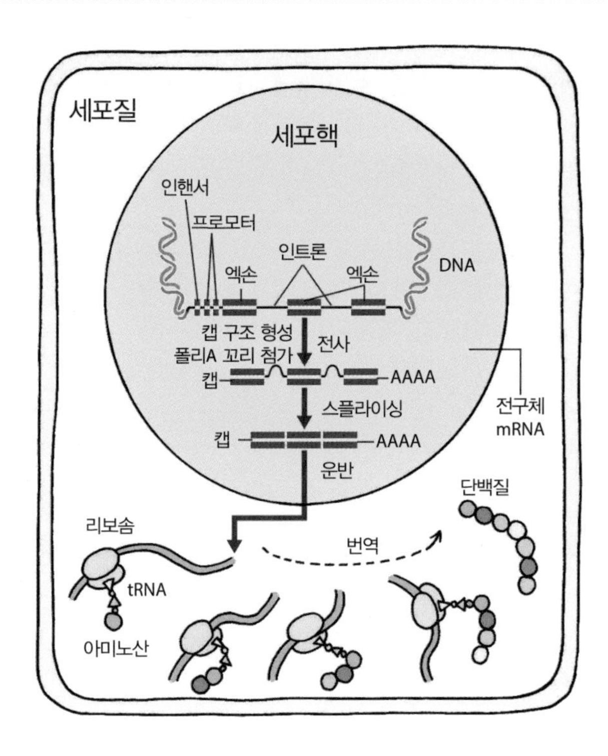

세포질
세포핵
인핸서
프로모터
인트론
엑손
엑손
DNA
캡 구조 형성
폴리A 꼬리 첨가
전사
캡
AAAA
스플라이싱
전구체
mRNA
캡
AAAA
운반
단백질
리보솜
번역
tRNA
아미노산

DNA에 담긴 유전 정보는 이런 방식으로 자손에게 전달된다. 그래서 자식은 부모를 닮게 되는 것이다. 내용이 조금 어려워졌지만, 여기서 중요한 것은 유전자 변이가 발생하면 변이된 유전자 정보 또한 그대로 자손에게 대물림된다는 점이다. 이렇게 물려받은 유전자로 인해 유전병이 발생한다. 유전병은 DNA 변형이 나타나기 때문에 유전자검사를 통해서 진단할 수 있다. 더욱이 유전자 이상으로 염색체 자체에 문제가 생겨 유전병이 발병하는 경우도 적지 않다.

이와 같은 특성을 활용해 혈액세포에서 염색체나 DNA의 변이를 확인하면 유진병을 판별할 수 있다. 또, 본인에게 발병하지 않았지만, 유전적 돌연변이를 보유하여 자손에게 전달할 가능성이 있는 보인자(carrier)또한 염색체검사나 유전자검사를 통해 진단할 수 있다. 예를 들어, 혈우병은 보통 남성에게만 발생하는데 유전자검사를 통해 어머니가 보인자라는 것을 확인할 수 있다.

## ● 유전병 이외에 유전되기 쉬운 질환은?

꼭 유전병이 아니더라도 많은 질병이 유전적 이상으로 발생할 수 있다. 예를 들어, 당뇨병, 고혈압, 이상지혈증 같은 생활습관병도 유전자 이상과 관련이 있다(**오른쪽 그림**).

흔히 부모가 당뇨병이면 자식도 당뇨병에 걸리기 쉽다고 한다. 이 경우엔 식습관을 공유하기 때문이다. 그렇지만 당뇨병에 걸리기 쉽게 유전자 변이가 일어나기 때문이기도 하다.

유전병은 대부분 하나의 유전자에 이상이 생겨서 발생한다. 반면에 생활습관병은 어느 한 가지 유전자가 아니라 여러 유전자에 조금씩 이상이 생기고 잘못된 생활 습관이 더해져 발병한다. 이것을 **다인자유전**이라고 부른다.

암 역시 다양한 유전자 변이가 발병에 관여한다. 다만, 부모로부터 물려받은 유전자의 영향보다 화학 물질이나 방사선 등으로 유전자가 계속 손상되어 발생한다. 이로 인해 예외적인 경우를 제외하고 암은 유전되지 않는다. 또, 유전자 이상과 유전병을 혼동하기도 하는데, 암은 소위 말하는 유전병이 아니다.

전체적으로 살펴보면, 정도의 차이는 있지만, 모든 병에는 유전적인 소인이 작용한다(**아래 그림**). 발을 헛디뎌 넘어지는 것 조차 부주의한 성격이라는 유전적 소인이 영향을 미쳤다고 말할 수도 있다.

현재의 의학 기술을 이용하면 거의 모든 유전자를 검사할 수 있다. 생활 습관병이나 암의 발병에 관여하는 유전자 변이도 완벽한 수준은 아니지만 혈액검사로 진단할 수 있다. 검사 결과를 바탕으로 생활 습관을 개선하는 등 건강 관리를 시작한다면 질병을 미리 예방할 수 있을 것이다.

## 유전과 환경의 관계

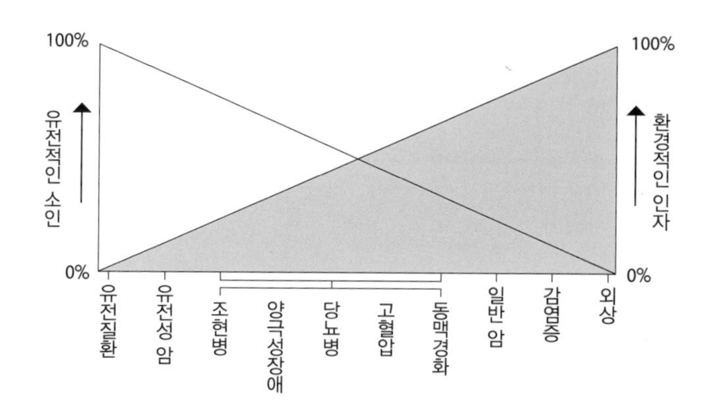

## 다인자유전이 생활습관병으로 발현

## 신뢰할 수 있는 의사와 상담하여 혈액을 건강하게 관리

# 끈적끈적한 혈액 · 맑은 혈액의 정의와 노화 판정

# 혈액이 끈적끈적해진다는 것이 정말일까?

혈 혈액은 순수한 물이 아니다. 비록 혈액의 55% 가량은 물이지만, 나머지 약 45%는 적혈구, 백혈구, 혈소판 같은 혈액세포(혈구)가 차지하고와 단백질, 지질, 당질, 전해질, 호르몬, 무기질, 비타민 등과 같이 매우 다양한 물질이 구성하고 있다. 따라서 혈액이 맑다는 표현은 정확하지 않다. 실제로 코피를 만져보면 미끌미끌한 것처럼 말이다.

문제는 혈액 속 물질의 농도가 보통 수준을 넘어서면 혈관에서 혈액의 흐름이 원활하지 못하게 된다. 이런 상태를 '**끈적끈적한 혈액**'이라고 부르며 건강에 대한 경각심을 높여야 한다.

## ● 혈액을 끈적하게 만드는 범인은 '지질'

혈액이 끈적끈적해지는 이유는 혈액 속 성분이 지나치게 많아지기 때문이다. 이 중에서 가장 주의해야 할 성분은 지질이다. 지질은 콜레스테롤, 트라이글리세라이드(중성지방) 등이 구성하고 있다. 지질 농도가 높아지면 혈액이 혼탁해져서 혈액의 흐름이 나빠진다(**오른쪽 사진**).

콜레스테롤 농도가 높아지면, 불필요한 콜레스테롤이 피하지방, 간과 같은 내장뿐만 아니라 동맥에도 쌓인다. 동맥은 심장의 수축에 맞춰 온몸에 혈액을 내보내는 역할을 한다. 이 기능에 걸맞게 동맥의 혈관 벽은 두껍고 탄력이 있다. 그런데 동맥 안쪽에 콜레스테롤이 쌓이면, 혈관 벽이 좁아지면서 탄력을 잃게 된다. 이런 현상이 **동맥경화**다.

동맥경화가 진행되면, 혈액 순환에 지장이 생겨 혈액이 장기까지 충분히 전달되지 못한다. 이런 현상이 심해지면 혈액의 흐름이 완전히 멈추고 혈액이 공급이 되지 않아 장기가 손상된다. 심근경색, 뇌경색 등은 이렇게 발생한다.

동맥경화로 인한 질병은 매년 증가하고 있다. 동맥경화를 예방하려면 지나친 지방 섭취나 하루 총 칼로리 섭취에 주의하고 식사를 절제해야 한다. 동시에 적절한 운동을 병행하여 몸에 쌓인 과도한 지방을 소비해야 한다.

## 혼탁한 왼쪽 혈액(이상지혈증)

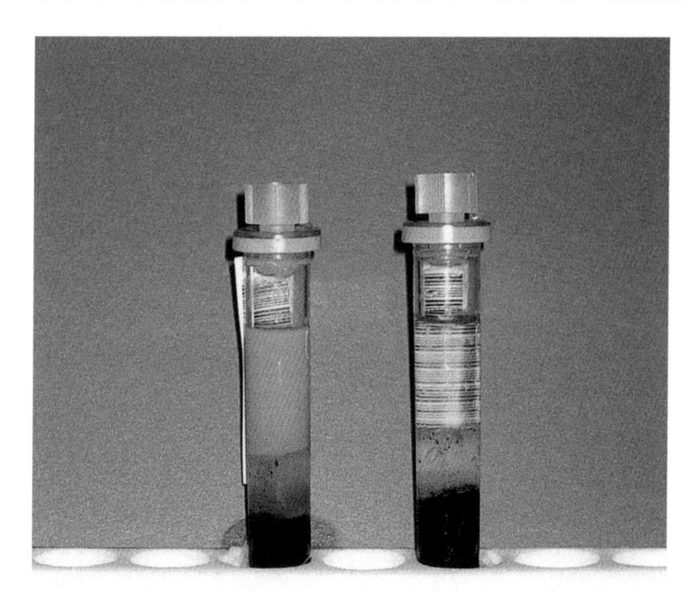

## ● 다혈증의 공포

혈액을 끈적거리게 하는 범인은 지질만이 아니다. 혈액 성분 중에 물을 제외하고 가장 큰 비중을 차지하는 적혈구가 너무 많아지면 혈액이 끈적끈적해진다.

다혈증이란 병명이 생소할 수도 있다. 적혈구 수가 적어서 발생하는 빈혈은 익숙하지만 적혈구가 많아져서 문제가 될까 싶은 사람도 있을 것이다. 하지만 오히려 혈액이 끈적끈적해지는 것을 막으려면 가장 조심해야 할 질병이 다혈증이다.

적혈구는 공기 중의 산소와 결합해 온몸에 운반하는 아주 중요한 역할을 한다. 이때 적혈구가 감소하는 병이 빈혈이다. 빈혈이 생기면 산소가 온몸에 충분히 공급되지 않아서 숨이 차고, 피곤하고, 어지러운 증상이 나타난다.

반대로 적혈구가 너무 많아서 생기는 병이 앞서 언급한 다혈증이다. 안데스산맥이나 티베트 같은 고산지대는 대기 중에 산소가 적다. 이곳에 사는 사람들은 산소를 최대한으로 흡수하기 위해 체내에서 적혈구를 많이 생산한다. 마라톤 선수가 고지 훈련을 하는 목적도 여기에 있다. 이처럼 희박한 대기 환경의 적응하기 위해서나 트레이닝과 같은 자발적인 노력이 아니라 질병으로 인해 적혈구 수가 늘어나는 상태가 다혈증이다. 이때는 적혈구뿐 아니라 백혈구와 혈소판 수치도 함께 높아진다.

적혈구가 많아져서 산소를 많이 운반하면 건강에 좋을 것이라고 생각할 수도 있겠지만, 뭐든 과유불급인 법이다. 적혈구가 지나치게 많아지면 오히려 산소를 운반 능력이 떨어진다. 혈액도 끈적끈적해진다. 이렇게 되면, 뇌 속에 가느다란 혈관이 막혀 뇌경색을 일으킬 수 있다.

다혈증은 무시무시한 병이다. 적혈구 수치가 높게 나오면 반드시 혈액 내과를 방문해 진료를 받아야 한다.

## 끈적끈적한 혈액 VS 맑은 혈액

맑은 혈액 : 적혈구가 서로 붙어있지 않고
일정한 간격을 유지하고 있는 상태

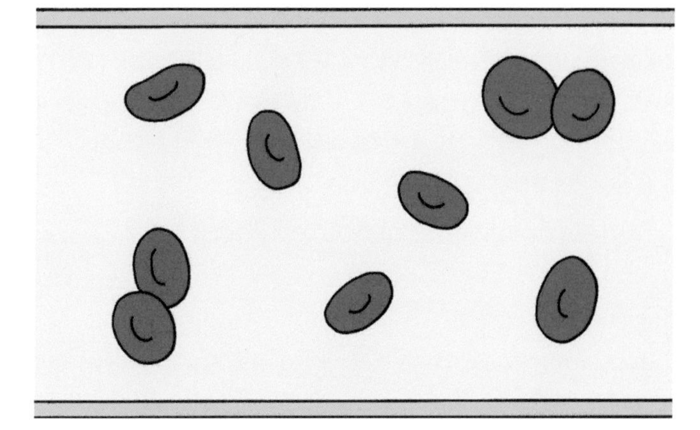

끈적끈적한 혈액 : 지방과 같은 성분이 지나치게 많아져
적혈구의 형태가 일그러지고 서로 붙어있는 상태

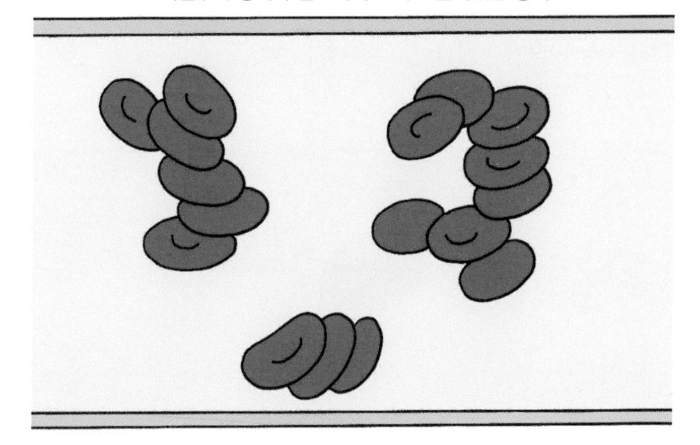

# 혈액이 맑아야 건강한 걸까?

앞에서는 끈적끈적한 혈액이 건강에 해로운 이유를 설명했다. 그렇다면 반대로 혈액이 맑으면 건강하다고 할 수 있을까? 무엇이든 적당한 것이 좋다는 말이 있다. 마찬가지로 혈액이 물처럼 맑아도 문제가 된다. 몸에 필요한 물질이 부족하다는 뜻이기 때문이다.

혈액이 맑고 점성이 낮으면 왜 문제가 되는지 알아보도록 하자.

## ● 알부민 부족 : 영양 부족

혈액에 포함된 다양한 단백질 성분 중에서 절반 이상을 차지하는 것이 알부민이다. 달걀흰자를 한번 떠올려 보자. 그릇에 달걀을 깨뜨리면, 투명하고 점성이 있는 흰자가 흘러나온다(아래 사진). 달걀흰자에는 이 알부민이 풍부하게 들어 있어서 점성이 생긴다.

**달걀흰자는 알부민을 풍부하게 함유하고 있다.**

알부민은 근육 등을 형성하는 단백질 중 하나다. 그 밖에 호르몬을 운반하는 역할을 하거나 혈액의 삼투압을 유지하여 수분이 혈관 밖으로 빠져나가지 못하도록 막는 역할도 한다.

알부민의 재료가 되는 단백질은 음식을 통해 섭취할 수 있다. 영양 결핍으로 몸에 단백질이 부족해지면, 혈액 속 알부민 농도가 떨어진다. 일부 개발도상국가에서는 양질의 단백질을 섭취하지 못해 알부민 부족이 발생하기도 한다. 또, 심한 설사를 하거나 신장질환 중 하나인 신증후군을 앓으면 다량의 알부민이 대소변으로 배출돼 체내 알부민이 부족해진다.

알부민 수치가 감소하면 혈액 속 수분 함량이 높아져 혈액 농도가 묽어진다. 그렇게 되면 수분을 혈관 안에 잡아두지 못해 수분이 혈관 밖으로 빠져나간다. 알부민은 이런 일이 발생하지 않도록 혈액의 삼투압을 유지하는 역할을 한다.

수분이 혈관을 빠져나와 조직으로 스며들면 다리나 얼굴이 붓게 된다. 이런 상태를 부기(부종)라고 한다. 증상이 더 심해지면 뱃속에 물이 차올라

**얼굴이 붓고 복수가 찬 아프리카 어린이** 

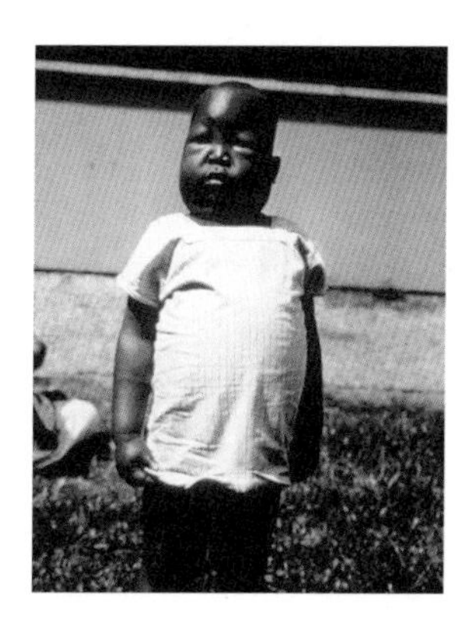

(복수) 배가 부풀고, 심장 기능도 나빠진다. 배가 볼록 나온 아프리카 어린이의 사진을 본 적이 있을 것이다. 이 아이는 앞서 설명한 대로 영양실조로 인해 배에 물이 찬 상태다(**P.61의 사진**).

## ● 건강에 해로운 빈혈

**빈혈**은 혈액 속 적혈구 수가 과도하게 감소한 상태를 말한다. 빈혈이라고 하면 흔들리는 지하철 안에서 갑자기 현기증으로 주저앉는다거나 비틀거리는 모습을 떠올리기 쉽다. 빈혈과 전혀 관련이 없지는 않지만, 정확하게는 뇌빈혈의 증상이다. 뇌빈혈은 장시간 서 있다 보면 뇌에 혈액 공급이 잘 되지 않아 뇌에 산소가 부족해져서 일어난다. 특히 저혈압인 사람에게 발생하기 쉽다. 이와는 달리 빈혈은 **적혈구의 수**, 다시 말해 적혈구 안에 있는 **헤모글로빈**(혈색소)이 감소하는 질환이다.

혈액의 약 45%는 적혈구가 차지한다. 빈혈에 걸리면 혈액에 큰 비중을 차지하는 적혈구가 부족해지기 때문에 혈액 자체가  옅어진다. 또, 산소를 운반하는 헤모글로빈의 수가감소해 피부와 점막이 창백해진다. 아무리 하얀 피부를 선호한다 해도 병으로 창백해진 피부가 보기 좋을 수는 없다. 사실 빈혈이 심해지면 피부가 창백해지기보다 노란색에 가까워진다.

그리고 온몸에 산소 공급이 충분하지 않아서 쉽게 숨이 가쁘고 피로가 지속된다. 부족한 산소를 보충하기 위해서는 더 많은 혈액을 내보내야 하고 그 결과 심장 박동이 빨라진다. 따라서 가슴이 두근거리는 증상이 생긴다. 이렇게 되면 심장에 부담이 커지고 더 나아가 심부전으로 발전하여 발목, 종아리 등이 붓기 시작한다.

빈혈은 그 종류가 다양하기 때문에 원인에 따라서 적절한 치료를 진행해야 한다.

## 다양한 빈혈 증상

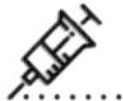

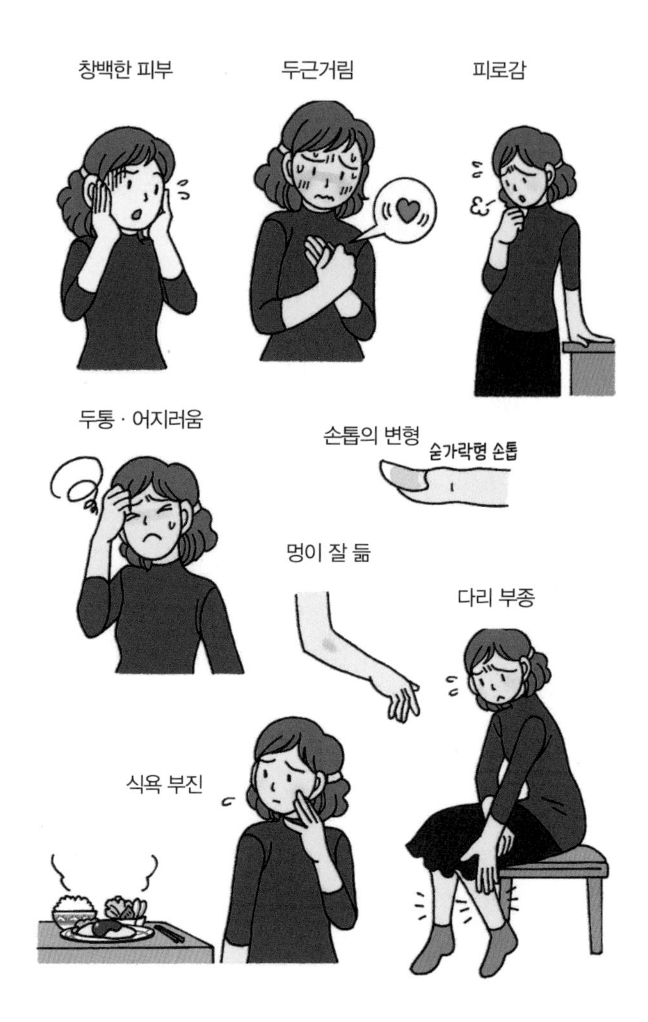
창백한 피부
두근거림
피로감
두통 · 어지러움
손톱의 변형
숟가락형 손톱
멍이 잘 듦
다리 부종
식욕 부진

# 좋은 콜레스테롤 VS 나쁜 콜레스테롤

사람들은 혈액을 끈적끈적하게 만드는 범인으로 콜레스테롤을 지목한다. 그런데 콜레스테롤은 정말 무조건 나쁜 악당일까? 그렇게 몸에 좋지 않다면 인간은 애초에 왜 음식을 통해 콜레스테롤을 섭취하는 걸까?

## ● 콜레스테롤은 정말 몸에 해로울까?

콜레스테롤이라면 막연히 건강을 망치는 주범으로 생각하는 사람이 많다. 하지만 그것은 큰 오해다. 사실 콜레스테롤은 우리 몸에서 중요한 역할을 맡고 있고 없어서는 안된다. 콜레스테롤을 완전히 없앤다는 것은 있을 수 없는 일이다.

인간을 비롯한 모든 생물은 세포라는 아주 작은 '상자'가 모여 만들어진다. 예를 들어, 짚신벌레나 아메바는 단 하나의 세포로 이루어졌지만 그 밖에 생물은 여러 개의 세포가 모여서 하나의 몸을 이룬다. 그리고 인간 같은 고등생물은 세포가 모여 조직이라는 단위를 이루고, 조직이 모여 장기를 형성하며, 이 장기들이 모여 신체가 된다.

세포막은 세포를 둘러싼 물질로, 세포가 이웃 세포나 외부 환경의 영향으로 손상되지 않도록 보호한다. 뿐만 아니라 세포에 필요한 영양분 전해질은 통과시키고, 불필요한 세포 노폐물은 세포막 밖으로 배출한다. 이처럼 세포막은 세포의 생존에 꼭 필요한 구조물이다.

세포막이라는 이름때문에 세포를 감싸는 커튼 같은 막을 떠올리기 쉽지만 실제로 세포막의 형태는 확실하지 않다. 수면 위에 기름을 한 방울 떨어뜨렸다고 상상해 보자. 기름 막이 생겼을 것이다. 세포막은 이렇게 수면 위에 둥둥 떠 있는 기름 막과 비슷하다.

사실 이 세포막도 '기름'으로 된 유막이다. 그리고 유막의 성분이 바로 콜레스테롤이다. 즉, 인간은 콜레스테롤 없이 살 수 없다. 이외에도 콜레스테롤은 호르몬, 담즙산, 비타민D의 원료가 되는 등 우리 몸에서 중요하게 기능한다. 콜레스테롤이 건강에 해로운 악당으로 묘사되기 일쑤지만, 사실은 인간이 살아가는 데 필수적인 성분이다.

그렇다면 콜레스테롤은 어떻게 체내로 들어올까? 우선 매일 식사를 통해 0.3~0.5g 정도 섭취한다. 그리고 간이나 소장 등에서도 1~2g 정도를 합성된다. 본인은 콜레스테롤이 들어간 음식을 전혀 먹지 않는데 왜 콜레스테롤 수치가 높은지 모르겠다며 불평하는 사람이 있다. 사실 혈액 속 콜레스테롤은 음식과는 상관없이 체내에서 생성되기도 한다.

## ● 좋은 콜레스테롤 VS 나쁜 콜레스테롤

혈액 속에 콜레스테롤이 많으면 건강에 좋지 않다. 그런데 간단히 콜레스테롤이라고 부르는 이 물질은 크게 **LDL콜레스테롤**과 **HDL콜레스테롤**로 나뉜다.

LDL콜레스테롤은 동맥의 혈관 벽에 쌓여 동맥경화를 유발한다. 이런 점 때문에 **나쁜 콜레스테롤**로 알려져 있다. 한편, HDL콜레스테롤은 혈관 벽에 쌓인 콜레스테롤을 제거하여 간으로 옮긴다. 동맥경화를 방지하는 역할을 한다고 해서 **좋은 콜레스테롤**로 불린다.

LDL은 저밀도 지질단백질의 약자다. 본래 지질은 물에 녹지 않기 때문에 물이 주성분인 혈액과 섞이지 않는다. 그렇기 때문에 물에 녹는 단백질과 결합해 혈액을 타고 이동하는데, 이때 단백질과 지질이 결합한 물질이 지질단백질이다. 지질단백질은 지질과 단백질의 비율에 따라 몇 가지 종류로 나뉜다.

그중에서 지질의 함량이 많고 단백질의 함량이 적으면 밀도가 낮은 **저밀**

**도 콜레스테롤**이 된다. 반대로 HDL은 지질에 비해 단백질 성분의 함량이 많은 지단백질이다. 밀도가 높기 때문에 **고밀도 콜레스테롤**(HDL)이라 부른다(**왼쪽 그림**).

혈액검사에선 LDL과 HDL에 포함된 콜레스테롤을 측정하여 각각 고밀도 · 저밀도로 분류한다.

## 저밀도 콜레스테롤과 고밀도 콜레스테롤의 구성 비율

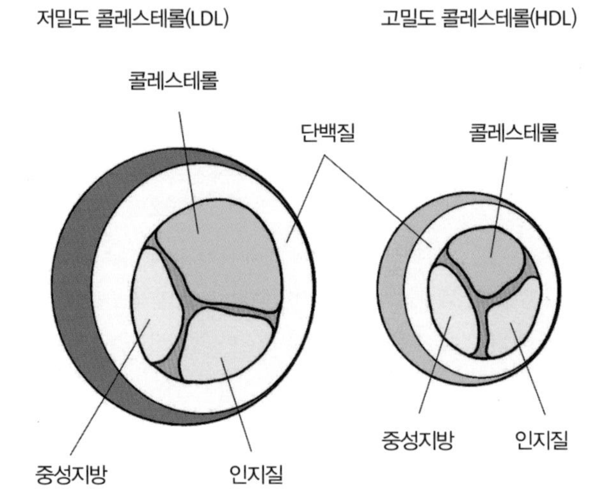

## 좋은 콜레스테롤과 나쁜 콜레스테롤

# 대사증후군은 무슨 의미일까?

"저기요! 배가 나와서 바지가 흘러내리기 직전이잖아요. 혹시 대사증후군 아니에요?" 일본의 TV 광고 내용이다.

대사증후군은 비만에서 시작해 당뇨병, 이상지혈증 같은 생활습관병이 나타나고, 심해지면 동맥경화증으로 이어져 심근경색, 뇌경색 등을 유발하는 현상을 말한다. 정식 명칭은 대사증후군(metabolic syndrome)으로, **인슐린저항증후군**이나 **내장지방증후군**이라고 부르기도 한다.

## ● 대사증후군이란 정확히 무엇일까?

환자 한 사람에게 당뇨병, 이상지혈증, 고혈압, 비만 등이 한꺼번에 나타나는 일은 드물지 않다. 게다가 이렇게 여러 질환을 앓는 사람일수록 심근경색이나 뇌경색으로 사망할 확률이 높다고 알려져 있다. 과거에는 이런 현상을 'X 증후군(Syndrome X)' 또는 '죽음의 4중주'라고 불렀다.

사실 X증후군은 당시에 발견된 특수한 협심증에 붙여진 이름이었기 때문에 함부로 사용할 수 없었다. 그래서 X 증후군 대신 신진대사에 문제가 생긴 병이란 뜻으로 대사증후군(metabolic syndrome)이라고 부르게 되었다.

대사증후군을 앓는 사람은 내장지방이 많이 축적돼 있다. 그리고 대부분 당뇨병, 이상지혈증, 고혈압을 동반한다. 이 질환은 모두 동맥 벽을 손상시켜 동맥경화를 촉진한다. 동맥경화가 심해지면 혈액 순환이 어려워지고 최악의 경우에는 혈관이 막혀 혈액의 흐름이 중단된다.

심장 근육에 혈액을 공급하는 관상동맥이 막혀버리면 치명적인 질환인 심근경색을 유발한다. 이 밖에도 뇌경색이 일어나거나 팔다리의 동맥에 혈액의 흐름이 완전히 차단되어 조직이 괴사할 수 있다. 하나같이 생명을 위협하는 위중한 질병이다.

일본에서는 이런 위험성을 인식하고 2008년부터 특정건강검진제도를 도입했다. 이 검진을 통해 대사증후군이 있는지를 먼저 파악하고 동맥경화를 예방한다.

## 대사증후군의 진단 기준

| A. | |
|---|---|
| 내장지방 | 배꼽 높이에서 측정한 허리둘레가<br>남자≧85cm, 여자≧90cm인 경우 |
| B. | |
| ①지질이상 | 〔고중성지방(TG)혈증:TG≧150mg/dL 또는 저HDL콜레스테롤혈증:HDL콜레스테롤〈40mg/dL〕 |
| ②혈압 | (수축기 혈압≧130mmHg 또는<br>이완기 혈압≧85mmHg) |
| ③공복혈당 | (공복혈당≧110mg/dL) |
| A에 해당하고, B에서 두 가지 항목 이상에 해당한다면, 대사증후군으로 진단한다 | |

## ● 살이 찌면 왜 위험할까?

비만을 모든 병의 근원이라 부른다. 비만은 왜 건강에 해로울까? 지방조직에 지방을 저장하는 세포를 **지방세포**라고 한다. 지방세포는 세포에 축적해둔 지방을 비상시에 에너지로 공급하는 창고 역할을 한다. 그런데 최근 발표된 연구 결과에 따르면 지방세포는 지방 축적 외에 별도의 기능이 있다고 한다. 지방세포에서 다양한 물질이 생성되고, 이 물질이 우리 몸에 이롭게 작용한다는 것이다. 이런 물질 중 하나가 **아디포넥틴**(**오른쪽 아래의 그림**)이다.

아디포넥틴은 동맥경화를 막아주고 당뇨병을 개선하는 효과가 있다. 다시 말해, 몸에 지방이 과도하게 쌓이면 동맥경화로 발전하는데, 지방세포는 이를 막기 위해서 아디포넥틴 등을 최대한 분비하는 의외의 순기능을 발휘한다.

그렇다면 살을 찌워서 지방세포를 늘리면 될까? 우리 몸은 그렇게 단순하지 않다. 지방세포에 지방이 너무 많이 축적되면, 오히려 아디포넥틴 분비가 줄어든다. 특히, 내장지방이 심해지면 혈중 아디포넥틴 농도가 떨어지기 시작한다.

정리해 보면, 지방세포가 동맥경화를 막기 위해 노력하지만 과도하게 살이 찌면 지방세포도 더는 감당할 수 없어 결국 동맥경화가 심해진다.

비만은 건강의 적이다.

## 대사증후군의 진단 목적은 생활습관병의 예방이다

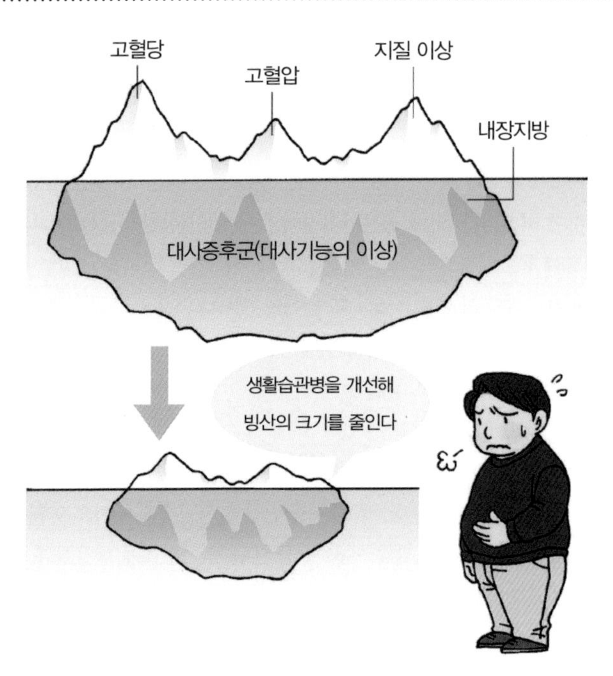


## 아디포넥틴의 역할

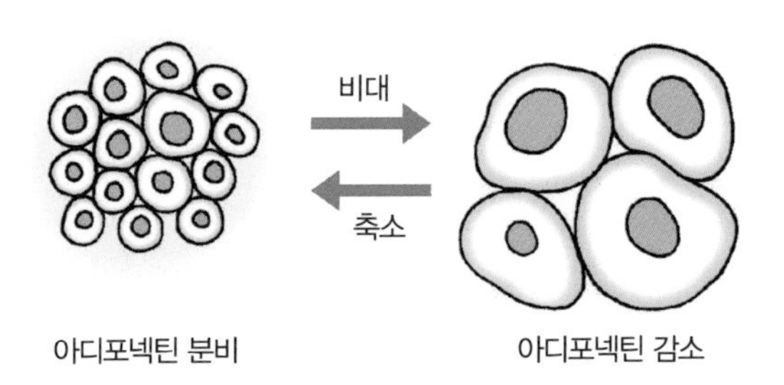

# 특정건강검진은 무엇을 검사할까?

모두가 알다시피 병은 심해지기 전에 빨리 치료하고, 사전에 미리 예방하는 것이 최선이다. 현재 일본인의 3대 사망 원인은 암, 뇌혈관질환(뇌출혈, 뇌경색 등), 심장질환(심근경색 등)이다. 이 3가지 질환을 예방할 수 있다면, 일본인의 수명은 지금보다 더 늘어날 것이다.

암은 발병 원인이 아직 명확히 밝혀지지 않아 예방하기가 쉽지 않다. 다만, 흡연이나 지나친 염분 섭취 등이 연관돼 있다고 알려져 금연, 균형 잡힌 식사가 암 예방에 도움이 될 수 있다.

한편, 뇌경색, 심근경색 같은 심장 · 뇌혈관질환은 동맥경화로 인해 발병한다. 이런 위중한 병은 어느 날 갑자기 건강한 사람에게 찾아오지 않는다. 대부분은 이상지혈증, 고혈압, 당뇨병 등을 앓는 사람에게 발생한다. 대사증후군은 심장 · 뇌혈관질환의 전 단계라고 볼 수도 있다. 대사증후군을 진단받은 경우 적절한 식이요법과 운동요법을 병행해 병의 진행을 충분히 막을 수 있다.

일본은 2008년 4월에 특정건강검진 제도를 도입했다. 이 제도는 대사증후군 검사 결과를 바탕으로 보건 지도를 실시하여 사전에 병을 예방하기 위해 시행되고 있다.

## ● 특정건강검진의 검사 항목

특정건강검진은 대사증후군을 선별해서 동맥경화를 촉진하는 이상지혈증이나 당뇨병으로 발전하지 않도록 예방하는 것이 목적이다. 따라서 지질, 당질검사에 초점을 맞춘다.

## 3대 사망 원인이 사라지면 수명이 얼마큼 늘어날까?

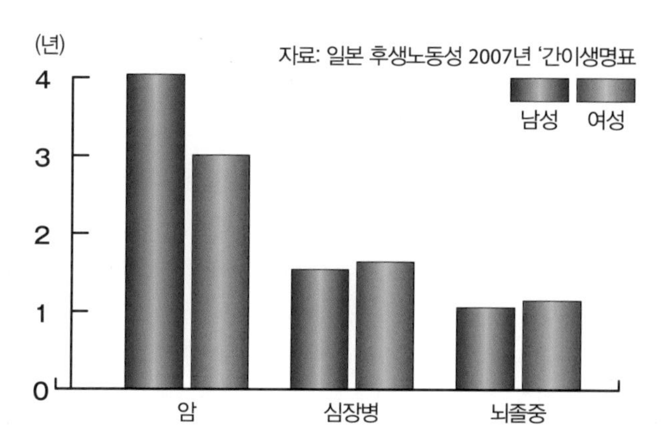


## 일본인의 사망원인

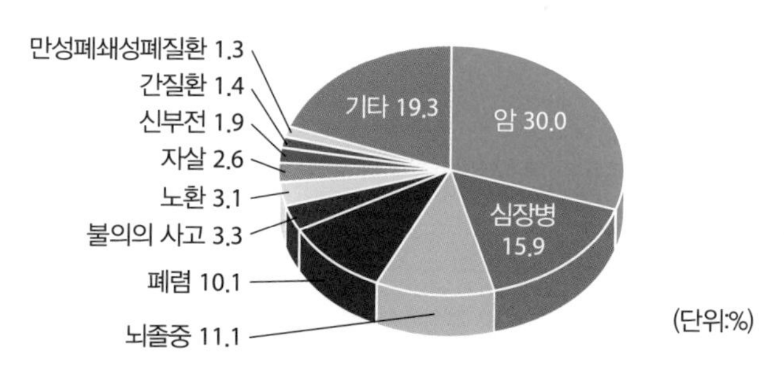


자료: 일본 후생노동성 2008년 '인구동태통계'

## ● 특정건강검진 이후의 보건 지도

콜건강검진을 받고 할 일이 모두 다 끝난 것처럼 안도하는 사람이 많다. 하지만 건강검진은 결과를 토대로 생활 습관을 되돌아보고, 올바르지 못한 부분이 있다면 바로잡아야 의미가 있다.

이 지점을 고려해 검사 결과에 어떤 문제가 발견되면 의사나 보건전문가의 지도를 받는다. 처음부터 본격적으로 약물 치료를 시작하지는 않는다. 예를 들어, 과식으로 열량 섭취가 지나치게 많다면, 먹는 양을 줄이도록 지도하거나 얼마 안 되는 거리는 차로 이동하기보다 걷기를 조언하고 금연, 절주를 권하기도 한다.

건강검진 결과에서 보건 지도를 받아야 한다는 판정이 나오면, 반드시 의사 등 전문가와 면담하고, 생활 습관을 바꾸도록 노력해야 한다.

### 특정검진의 검사 항목

| 기본 항목 |
|---|
| 1) 질문 항목<br>2) 신체 계측<br>3) 이학적검사(신체 진찰)<br>4) 혈압 측정<br>5) 임상검사<br>중성지방, HDL–콜레스테롤, LDL–콜레스테롤, 공복 혈당 또는 HbA1c, AST(GOT), ALT(GPT), γ–GTP, 단백뇨, 요당 |
| **추가 검진 (정밀 검사) 항목** |
| 아래 검사 중에서 일정한 기준에 따라 의사가 필요하다고 판단한 항목<br>심전도검사, 검안경검사, 빈혈검사(적혈구의 수, 혈색소의 양, 적혈구용적률) |
| **필요에 따라 실시하는 것이 바람직한 항목** |
| 요산, 크레아티닌, HbA1c 등 |

대사증후군이 개선되면 동맥경화로 인한 뇌경색이나 심근경색 등은 대부분 예방할 수 있다. 건강검진은 질병을 예방하는 효과가 크기 때문에 빠뜨리지 말고 꾸준히 받는 것이 좋다.

## 생활습관병의 진행과 동맥경화

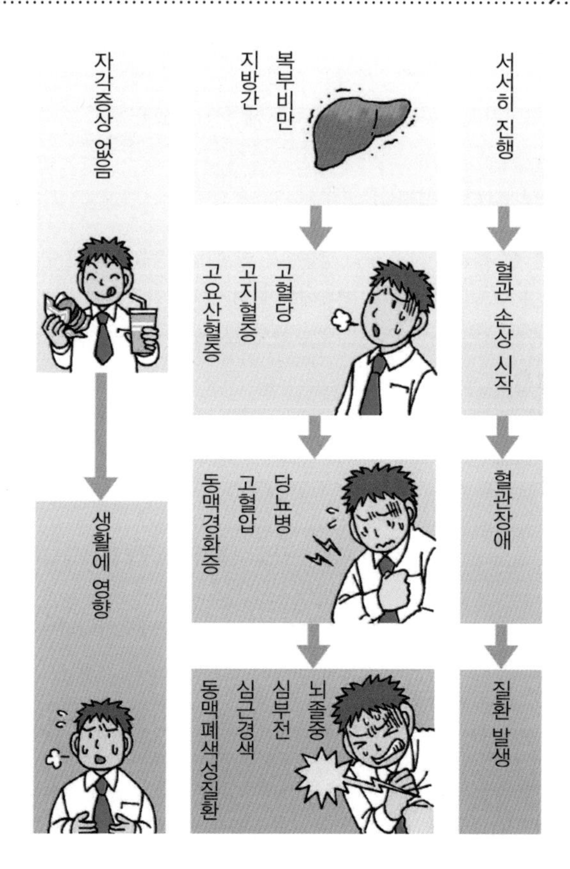

# 끈적끈적해진 혈액을 정상으로 되돌리려면?

건강검진에서 LDL콜레스테롤과 중성지방 수치가 높게 나온 사람도 있을 것이다. 이런 경우에는 어떻게 수치를 개선할 수 있을까?

## ● 시작은 식사요법부터

혈중 **콜레스테롤** 수치가 높은 경우에는 어떻게 수치를 조절할 수 있을까? 콜레스테롤 수치를 낮추려면, 처음에는 콜레스테롤 섭취량을 줄이고 그 다음 몸에 쌓인 불필요한 콜레스테롤을 제거해야 한다. 간단히 말해 **식이요법**과 **운동요법**이 필요하다.

식사할 때는 우선 총 섭취 열량(칼로리)을 제한한다. 인간이 생활하는데 필요한 열량인

**하루 필요 열량=표준체중×25~30kcal**

을 계산해서 그대로 지킨다. 비만이거나 과체중에 해당한다면 본인의 키에 맞는 표준체중에 가까워지도록 노력한다. 표준체중은 가장 이상적인 체질량지수(BMI)인 22를 이용하여 표준체중(kg)=신장(cm)×신장(cm)×22로 계산할 수 있다.

총 섭취 열량뿐만 아니라 영양소 간의 균형도 신경써야(오른쪽 표)한다. 전체 식단에서 지방이 차지하는 비율을 20~25%로 맞추고, 특히 지방이 많이 포함된 육류 섭취에 주의하며 식물성 지방과 생선 지방의 섭취 비중을

## 영양소 팽이 (하루 필요 열량:2,200kcal±200kcal)

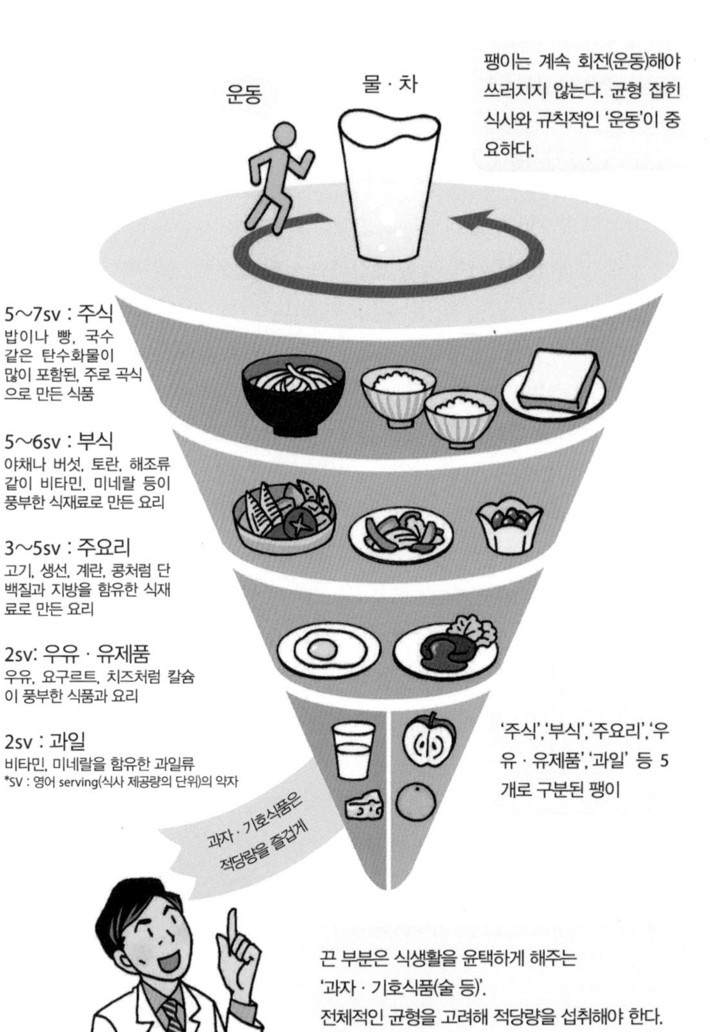

운동
물 · 차
팽이는 계속 회전(운동)해야 쓰러지지 않는다. 균형 잡힌 식사와 규칙적인 '운동'이 중요하다.
5~7sv : 주식
밥이나 빵, 국수 같은 탄수화물이 많이 포함된, 주로 곡식으로 만든 식품
5~6sv : 부식
야채나 버섯, 토란, 해조류 같이 비타민, 미네랄 등이 풍부한 식재료로 만든 요리
3~5sv : 주요리
고기, 생선, 계란, 콩처럼 단백질과 지방을 함유한 식재료로 만든 요리
2sv: 우유 · 유제품
우유, 요구르트, 치즈처럼 칼슘이 풍부한 식품과 요리
2sv : 과일
비타민, 미네랄을 함유한 과일류
*SV : 영어 serving(식사 제공량의 단위)의 약자
'주식','부식','주요리','우유 · 유제품','과일' 등 5개로 구분된 팽이
과자 · 기호식품은 적당량을 즐겁게
끈 부분은 식생활을 윤택하게 해주는 '과자 · 기호식품(술 등)'. 전체적인 균형을 고려해 적당량을 섭취해야 한다.

자료:일본영양사회

늘린다. 그 밖에 에너지는 탄수화물 60%, 단백질 15~20%의 비율로 섭취한다. 콜레스테롤의 하루 적정 섭취량은 300mg 이고 식이섬유는 최소 25g 이상 먹는다. 알코올 종류는 25g 이하로 제한하고 항산화 물질이 풍부한 채소와 과일을 충분히 섭취하도록 한다.

## ● 콜레스테롤을 연소시키는 운동요법

기름에 불이 붙으면 활활 타오른다. 물질이 타는 연소 현상은 타기 쉬운 물질과 산소가 만나 반응하여 열을 발산하고 이때 발생한 열은 에너지로 사용된다.

연소는 우리 몸에서도 일어난다. 호흡을 통해 체내로 들어온 산소와 탄수화물과 지방이 만나연소되면서 발생한 열은 체온을 유지하고 근육을 움직이는 데 사용한다. 참고로 탄수화물 1g을 연소시키면 약 4kcal, 지방 1g은 약 8kcal의 에너지를 얻을 수 있다.

적정량의 지방은 인간의 활동에 필요한 에너지원이다. 하지만 지나치면 동맥경화를 일으키는 주범이 된다. 질병이 발생하지 않도록 운동으로 잉여의 지방을 연소시키는 것이 운동요법의 원리다.

빨리 체중을 줄이고 싶다고 마라톤처럼 무리한 운동을 시작하는 것은 바람직하지 않다. 지질 대사의 이상으로 이미 동맥경화가 진행된 상태라면, 격렬한 운동으로 협심증 등이 일어날 가능성도 있기 때문이다. 몸에 지나친 무리를 주지 않고 본인이 할 수 있는 운동부터 시작해 보자.

걷기는 언제 어디서든 누구나 손쉽게 할 수 있는 운동이다. 질리지 않고 오래 할 수 있다는 것도 장점이다. 하루에 만 보 걷기를 목표로 시작해 보자. 참고로 일본 정부가 발표한 일상 속 걸음 수 목표치는 성인 남성이 하루 9,200보 이상, 여성이 8,300보 이상이다.

## ● 여전히 콜레스테롤 수치가 개선되지 않는다면 약물 치료를 시행

뚜렷한 목표 의식을 갖고 식사, 운동 등 생활 습관을 개선한다면, 끈적끈적하던 혈액도 반드시 정상으로 돌아올 수 있다. 그렇지만 인간은 나약한 존재다. 한 번 몸에 밴 호화로운 식생활이나 자동차에 의존하는 편리한 생활에서 쉽사리 벗어나지 못한다. 거기다 지질 대사 이상을 유발하는 유전적 소인이 있다면 안타깝게도 생활 습관을 교정하는 것만으로 콜레스테롤 수치를 낮추기는 어렵다.

이런 경우에 고콜레스테롤혈증 개선에 효과가 있는 약물 사용을 고려한다. 특히, 나쁜 콜레스테롤로 알려진 LDL콜레스테롤의 수치를 낮춰주는 약물은 스타틴 계열을 비롯해 효과 좋은 다양한 제품이 시중에 나와 있다. 약물을 주의해서 사용한다면 부작용 없이 콜레스테롤 수치를 떨어뜨릴 수 있다. 의사와 상담하여 적절한 치료를 받길 바란다.

**혈액 건강을 위해서라도 적절한 운동을 지속하도록 노력하자** 

# 혈액을 통한 노화 판정

노화는 반갑지 않은 현상이다. 그러나 세월 앞에는 장사가 없는 법. 사람은 누구나 늙는다. 그렇다면 젊음을 유지하고 싶은 사람에게 도움이 될 만한 노화의 지표는 없을까?

## ● 노화란 어떤 현상일까?

인간을 포함한 모든 생물은 체내에서 끊임없이 새로운 세포를 생성하고, 역할을 다한 세포는 파괴된다. 적혈구만 해도 하루에 약 2천억 개의 세포가 만들어진다. 피부나 모발, 창자 등의 세포도 마찬가지다. 세포의 신진대사는 보통 상상을 뛰어넘는다. 하지만 이 대사가  영원히 지속되는 것은 아니다. 나이가 들면서 세포 생성 속도가 느려지고, 장기도 위축되는데 이 현상이 바로 노화다.

노화가 진행되면서 장기의 무게가 가벼워진다. 모발이 가늘어지고, 피부 두께가 얇아진다. 또, 동맥 내벽에 콜레스테롤과 같이 지질 성분이 달라붙어 심근경색을 일으킬 수 있다. 여기에 혈중 콜레스테롤이나 중성지방 수치까지 높으면, 동맥경화의 진행 속도는 한층 빨라진다. 고령자는 대체로 혈압이 높게 나타나는데, 그 원인 중 하나가 동맥경화 때문이기도 하다.

장기의 무게뿐만 아니라 장기의 기능도 점차 약해진다. 뇌 기능도 역시 떨어지면서 건망증도 생긴다. 근육과 골격에도 근세포 감소와 기능 저하가 일어난다. 근력은 쇠퇴되고, 골다공증에 걸리거나 골절상을 입기 쉽다.

## 영양소 팽이 (하루 필요 열량:2,200kcal±200kcal)

## ● 노화 현상은 혈액에도 나타날까?

혈액검사의 결과는 참고치를 기준으로 판정한다고 소개했다. 참고치는 건강한 성인 수백 명의 검사 결과를 통계적으로 정리한 것으로, 검사 항목에 따라 고령자에게 그대로 적용하기 어려운 부분이 있다. 나이가 들면 성호르몬 분비가 크게 감소하는데, 줄어드는 것은 성호르몬뿐만니다.

예를 들어, 적혈구는 하루에 2천억 개 정도가 생성되지만 영원히 그렇게 지속되는 것은 아니다. 노화가 진행되면, 예전과 같은 속도로 적혈구가 만들어지지 않는다. 따라서, 고령자의 체내에 새롭게 생성되는 적혈구 수는 감소한다. 일반적인 성인 남성의 경우, 적혈구에 헤모글로빈 농도의 참고치는 14g/dL 이상이지만, 고령자는 13g/dL이상을 정상 범위로 본다.

## 혈액의 생성 속도도 노화로 더뎌진다

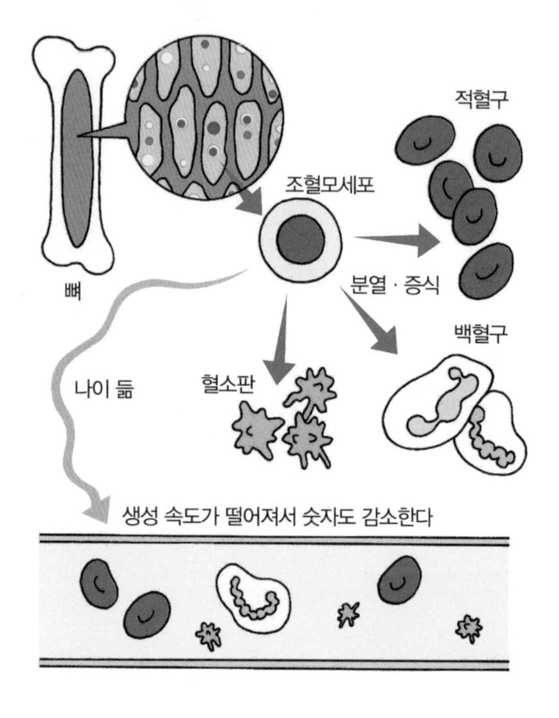

# 혈액형을 둘러싼 진실과 거짓

# 혈액에는 어떤 유형이 있을까?

**혈액형**이란 적혈구, 백혈구, 혈소판을 분류하는 유형이다. 보통 혈액형은 적혈구의 유형을 가리킨다. 언뜻 보면 혈액은 빨갛고 다 똑같아 보인다. 인간뿐만 아니라 소나 돼지 같은 동물의 혈액도 빨간색이라서 겉으로 봐서는 구분이 어렵다. 실제로 일본에서 이런 점을 악용해 돼지고기와 돼지 피 등을 섞어 다진 것을 소고기로 속여 판 식품업체 사장이 경찰에 체포되기도 했다.

다 비슷해 보이지만 인간과 동물의 피는 다르며 심지어 같은 인간끼리도 혈액 성분에 차이가 있다. 그럼에도 불구하고 17세기에는 심한 출혈로 생명이 위태로운 사람에게 양의 피를 수혈했다. 본격적으로 인간의 혈액으로 수혈이 이루어진 시기는 19세기 전반이다. 두 시기 모두 혈액의 성질에 관해 밝혀지지 않았던 시기였다.

수혈에서 가장 중요한 것은 혈액형이다. 먼저 혈액형에 관해 설명하려고 한다.

## ● ABO 혈액형

우리에게 가장 친숙한 혈액형은 ABO **혈액형**이다. 혈액형을 A형, B형, AB형, O형으로 나눠부르는 혈액 분류법이다. ABO 혈액형을 처음 발견한 사람은 오스트리아의 병리학자 카를 란트슈타이너(Karl Landsteiner, 1868~1943)이다.

조금 다른 이야기지만, 유럽을 방문할 때마다 역사가 살아 숨 쉬는 모습에 놀라곤 한다. 지난번 독일을 찾았을 때 뷔르츠부르크에 X선을 발견한 뢰

## ABO 혈액형의 발견

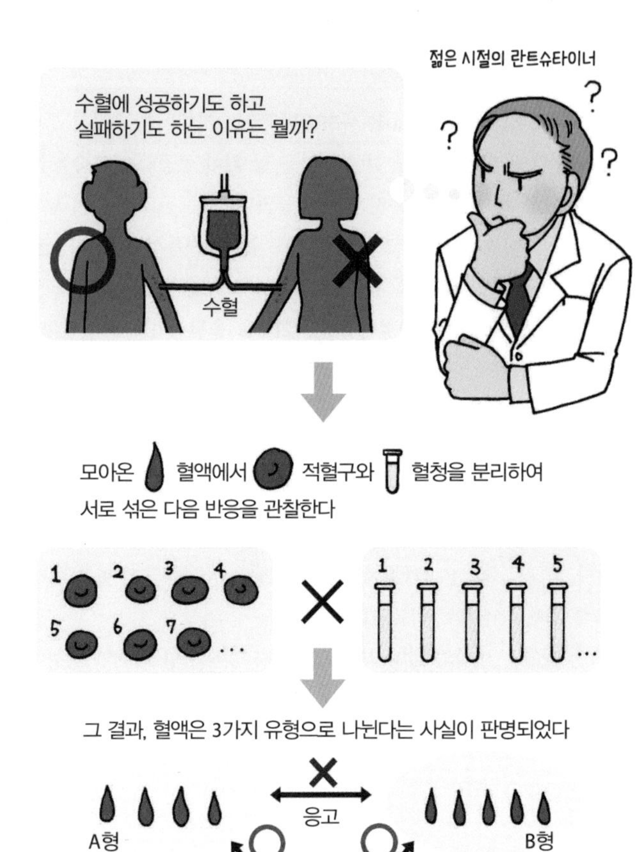

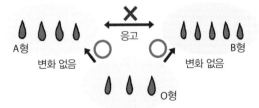

ABO 혈액형의 발견

트겐의 집이 남아 있었고, 중세에 페스트가 유행했을 당시 환자들을 수용하던 시설이 베를린 샤리테대학의 건물로 사용되고 있었다. 일본의 목조 건물보다 튼튼한 석조 건물이라 가능한 일이었겠지만, 의학 발전을 이끈 선구자의 발자취를 느끼며 감격했다.

수혈이 막 시작되던 당시 젊은 학자였던 란트슈타이너는 수혈의 부작용으로 적혈구가 파괴되는 용혈 현상과 아무 탈 없이 성공하는 모습을 관찰하면서 왜 이런 차이가 생기는지 의문이 들었다. 그는 동료 22명의 혈액을 모아서 각각의 적혈구와 혈청을 섞어보았고 그 결과 특정 조합이 응집 반응이 일으키는 현상을 통해 혈액에는 3가지 종류가 있다고 결론 내렸다.

자세히 알아보자면, A의 혈청은 B의 적혈구를 응집시키고, B의 혈청은 A의 적혈구를 응집시킨다. 또, C의 혈청을 A, B 적혈구와 섞었을 때 모두 응집 반응이 나타났으나, C의 적혈구는 A, B의 혈청에 아무 반응도 보이지 않았다. 이 결과를 통해 혈액은 A형, B형, O형으로 분류된다는 사실을 란트슈타이너가 밝혀냈다. 다음 해에 제자인 폰 드카스텔로(Alfred von Decastello)는 새로운 혈액형을 발견했는데, A형, B형, O형의 혈청에 적혈구가 전부 응집하면서, 반대로 혈청은 3가지 적혈구에 아무런 영향을 주지 못한 혈액 유형을 발견한다. 이 유형이 바로 AB형이다.

ABO 혈액형은 세기의 대발견이라고 할 수 있을 만큼 위대한 업적이다. 란트슈타이너가 1930년 노벨생리학과 노벨의학상을 수상한 것은 어쩌면 당연한 일이다. 참고로 일본인은 A형이 38%로 가장 많고, O형이 31%, B형이 22%이고, 마지막으로 AB이 9%를 차지한다.

| | 혈구형 검사 | | 혈청형 검사 | | 일본인의 비율 |
|---|---|---|---|---|---|
| | 항 A혈청 | 항 B혈청 | A형 적혈구 | B형 적혈구 | |
| A형 | + | 0 | 0 | + | 40% |
| B형 | 0 | + | + | 0 | 20% |
| O형 | 0 | 0 | + | + | 30% |
| AB형 | + | + | 0 | 0 | 10% |

+ : 응집
0 : 비응집

## ● Rh 혈액형

세상에 모든 혈액형이 ABO식으로 분류된다면 이 유형에 따라 수혈해도 아무런 문제가 없어야 한다. 그런데 1939년 레빈(Phillip Levine)과 스테손(Rufus Stetson)이 이전에 O형 남편의 혈액을 수혈 받았던 O형 아내가 두 번째 수혈을 받고 이상 반응을 일으킨 사실을 발견했다. 과학의 역사에서 대발견은 의문을 품는 것에서부터 시작된다. 레빈과 스테손은 이것을 단순한 수혈 부작용으로 치부하지 않았다. 첫 번째 수혈이 아닌 두 번째 수혈에서 이상 반응이 일어난 점을 주목했다.

ABO 혈액형을 발견한 란트슈타이너와 그의 제자 위너(Alexander S. Wiener)는 마침 같은 시기인 1940년에 연구를 진행 중이었다. 토끼의 체내에 붉은털원숭이의 혈액을 주입했을 때, 붉은털원숭이의 적혈구에 대항하는 항체가 토끼의 혈청에서 생성되는지에 관한 실험이었다. 그 결과 토끼의 혈청에서 붉은털원숭이의 적혈구를 응집시키고 파괴하는 항체가 형성되었다. 그런데 놀랍게도 이 토끼의 혈청은 인간의 적혈구와 만났을 때도 응집 반응이 일어났다. 인간의 혈액 중에서 응집 반응이 일어나지 않는 것도 있었다. 이 발견은 붉은털원숭이(Rhesus monkey)의 이름인 Rh를 따서 적혈구가 응집시키는 혈액을 Rh(+), 응집시키지 않는 혈액을 Rh(-)로 분류했다.

당시 미국 뉴욕시에 사는 백인의 약 85%가 Rh(+), 나머지 약 15%가 Rh(-)였다. 일반적으로 일본인은 Rh(+)가 99.5%로 압도적으로 많은 비율을 차지한다.

여기서 주목할 점이 있다. Rh식 혈액형은 조합이 맞지 않으면 바로 부작용이 생기는 ABO식 혈액형 수혈과 달리 Rh(-)인 사람에게 Rh(+)의 혈액을 수혈해도 처음에는 문제가 없다. 다만, 두 번째 혈액 수혈에서 이상 반응이 나타나는데, 그 이유는 이전 수혈에서 Rh(+)의 혈액에 대한 항체가 이미 생성되었기 때문이다. 레빈과 스테손이 보고했던 부부의 사례에서 이상 반응은 이런 원리에서 비롯된 것이다. 그 부부는 남편이 Rh(+), 부인이 Rh(-)였다.

그런데 이 부부에게 더 가혹한 일이 기다리고 있었다. 심각한 용혈 반응을 보이며 태아가 사산된 것이다. 왜 이런 일이 생긴 걸까? Rh(+) 형과 Rh(-) 형인 부부 사이에 Rh(+)인 아이가 태어난다. 이때 Rh(+)인 아기를 임신한 산모의 체내에서 Rh(+)에 대항하는 항체가 형성된다. 동일한 원리로 첫 번째 임신에서는 문제가 없지만, 두 번째 임신에서는 첫 번째 임신 과정에서 생성된 항체가 태아에게 영향을 미친다.

Rh 혈액형은 D항원, d항원, C항원, c항원, E항원, e항원 등 6가지 항원이 있는 것으로 알려졌다. 이 중에서 D항원이 면역학적으로 가장 큰 반응을 일으키기 때문에 D항원이 있으면 Rh(+), D항원이 없으면 Rh(-)가 된다.

## Rh 혈액형의 발견

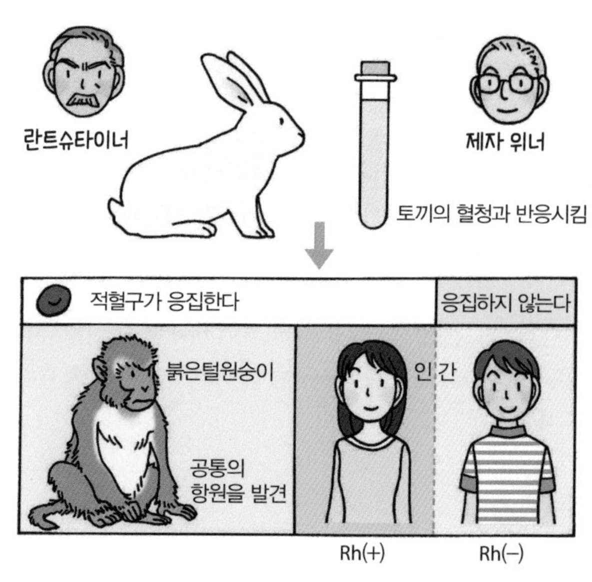


붉은털원숭이: Rhesus monkey = Rh

## Rh(+) Rh(-)의 판정 방법

Rh(+)와 Rh(−)는 D항원의 유무로 결정된다

Rh(+)' D항원 있음

Rh(−)' D항원 없음

# 혈액형은 왜 생기는 걸까?

**혈액형**의 종류는 ABO식, Rh식 외에도 MNSs, Lewis, Duffy, P, I, Kidd 등 50가지 이상이 있다. 혈액형마다 1~4개로 유형이 나뉘고 아형이나 변이형까지 있다. 따라서 혈액형 종류로만 나눠도 무수히 많은 유형으로 분류할 수 있다.

하지만 여전히 궁금증이 해결되지 않았다. 도대체 혈액형이란 무엇인가? 대표적인 ABO식 혈액형을 예로 들어 이제부터 혈액형의 구조에 대해 알아보도록 하겠다.

## ● 혈액형 물질

ABO 혈액형 중 A형은 적혈구에 A항원이라는 혈액형 물질이 있다. B형은 B항원을 지니고, AB형은 A항원과 B항원을 동시에 가지고 있으며, 반대로 O형은 하나도 없다. 그리고 A형의 혈청에는 B항원에 반응하는 항 B항체가 들어있고, B형의 혈청에는 항 A항체, AB형의 혈청에는 항 A항체와 항 B항체가 전부 들어있으며, O형은 혈청 속에 항체가 없다.

한편, 모든 적혈구 막에는 **H항원**이라는 **당단백질** 성분이 있다. 당단백질이란 인간의 몸을 구성하는 단백질의 일부분에 포도당 등 당질이 결합된 것이다. H항원에 당화 전이효소가 작용하여 단당인 N-아세틸갈락토사민이 결합한 것이 **A항원**이다. 또, H항원이 당류인 갈락토스와 결합하면 **B항원**이 된다. A항원과 B항원의 유무에 따라서 혈액형이 달라지기 때문에 이 항원을 **혈액형 물질**이라 부른다.

또, 혈액형 물질은 적혈구뿐 아니라 타액, 정액, 양수 등에도 포함돼 있다. 담배꽁초로 혈액형을 알아내는 형사 드라마를 본 적이 있을 것이다. 이는 타액에 혈액형 물질이 들어 있기 때문에 가능한 일이다.

## 혈액형 물질과 ABO 혈액형

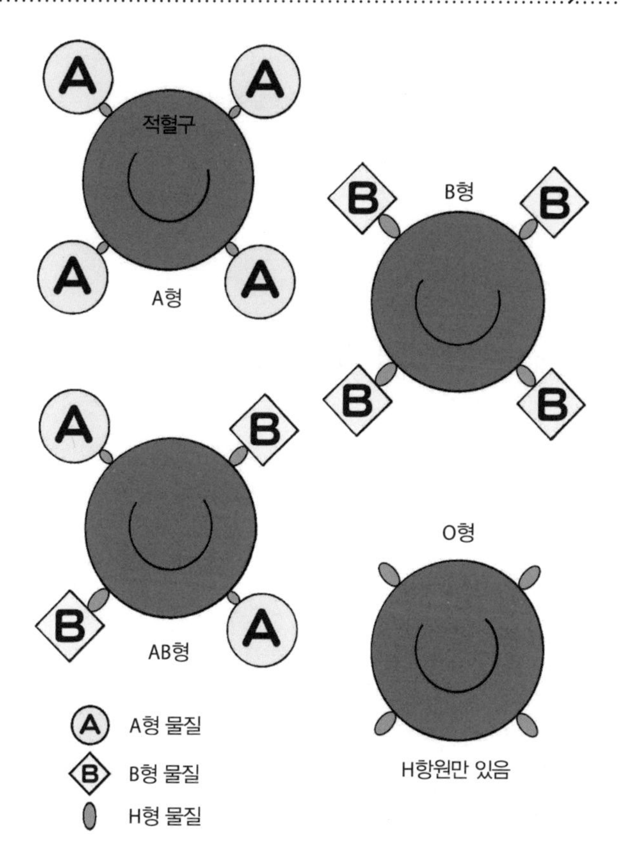

# 동물과 식물도 혈액형이 있을까?

인간처럼은 **동물**도 혈액형이 있을까? 개가 크게 다쳤을 때 바로 수혈할 수 있을까? **식물**도 혈액형이 있을까?

이번에는 동물과 식물의 혈액형에 관해 알아 보자.

## ● 인간과 비슷한 원숭이의 혈액형

인간과 가장 비슷한 동물은 **원숭이**다. 그렇다면 원숭이도 혈액형이 있을까? 원숭이의 종류는 다양한데 이를 조사한 연구에서 아주 흥미로운 결과가 보고되었다.

진화론적 관점에서 가장 인간에 가까운 존재는 바로 유인원이다. 유인원 중에서도 침팬지의 혈액형은 A형과 O형이 있고, 고릴라는 B형이 있다. 오랑우탄은 인간과 동일하게 A형, B형, O형, AB형이 있다. 또, 구세계원숭이에 속하는 붉은털원숭이는 B형, 노랑개코원숭이는 A형, B형, AB형이, 신세계원숭이인 다람쥐원숭이의 혈액형은 A형과 O형, 흰이마카푸친은 B형, O형이 있다.

몇 가지 유전자는 진화를 거치며 계속 이어지고 있지만, ABO 혈액형은 일반적인 진화로는 설명하기 어렵다. 기존에는 영장류의 초기 진화 단계에서부터 A형, B형 유전자가 이미 존재했다고 알려져 있었다. 그러나 일본의 유전학자인 사이토 나루야(斎藤成也) 교수는 인간, 유인원, 구세계원숭이의 공통 조상이 가지고 있던 유전자는 ABO 혈액형 중 A형 유전자뿐이며, 인간, 고릴라, 개코원숭이의 B형 유전자는 각각 독자적으로 생겨났다고 추정한다(출처: 사이토 나루야『유전자는 35억 년의 꿈을 꾼다』 다이와쇼보).

## 현생 영장류 분류

| 아목 | 하목 | 상과 | 과 | 일반명 |
|---|---|---|---|---|
| 원원류 | 여우원숭이하목 | 나무두더지상과 | 나무두더지과 | 나무두더지류 |
| | | 여우원숭이 상과 | 여우원숭이과 | 마다가스카르산 여우원숭이류 |
| | | | 인드리과 | |
| | | 아이아이상과 | 아이아이과 | |
| | 로리스하목 | | 로리스과 | 아시아 · 열대아프리카산 여우원숭이 |
| | 안경원숭이하목 | | 안경원숭이과 | 안경원숭이류 |
| 진원류 | (광비원류) | 꼬리감는원숭이상과 | 꼬리감는원숭이과 | 신세계원숭이류 |
| | | | 비단원숭이과 | |
| | | 긴꼬리원숭이상과 | 긴꼬리원숭이과 | 구세계원숭이류 |
| | (협비원류) | 사람상과 | 긴팔원숭이과 | 긴팔원숭이류 |
| | | | 오랑우탄과 | 유인원류 |
| | | | 사람과 | 인류 |

## ● 반려동물의 혈액형

우리에게 가장 친숙한 반려동물은 개와 고양이다. 만약 개나 고양이가 교통사고를 당해서 수혈을 받아야할 상황이 생기면 어쩌나 혼자 걱정해본 사람도 있을 것이다.

**개**의 혈액형은 DEA(Dog Erythrocyte Antigen, 개 적혈구 항원)로 분류하며, 8가지로 나눌 수 있다. 만약 개가 수혈 받아야할 상황이 생기면 이 혈액형과 일치하는 혈액을 수혈한다. 개는 체중 1Kg 당 약 90*ml*의 혈액이 있으며, 체중이 10kg이라고 가정하면 약 900*ml*의 혈액이 흐른다. 여기서 $\frac{1}{3}$정도를 손실되면 생명이 위험하므로 수혈이 이루어져야 한다.

**고양이**의 경우 A형, B형, AB형 혈액형이 있고, O형은 없다. 이 중에서 A형이 가장 많다. 일본의 고양이는 95% 정도가 A형이라고 한다.

## 개와 고양이의 혈액형

· 일본의 시게타식 혈액형 분류로는 9종류

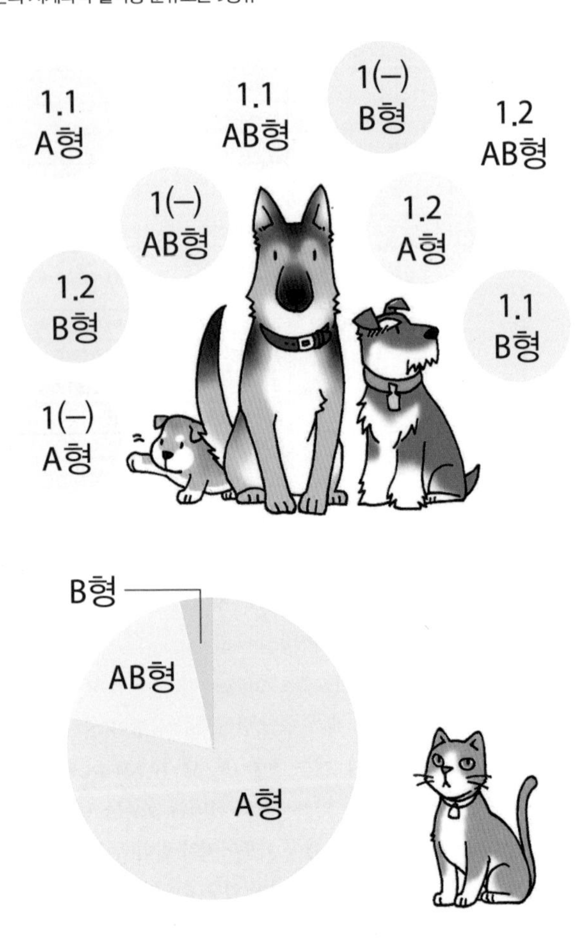

## 원숭이에서 인간까지 진화 계통도

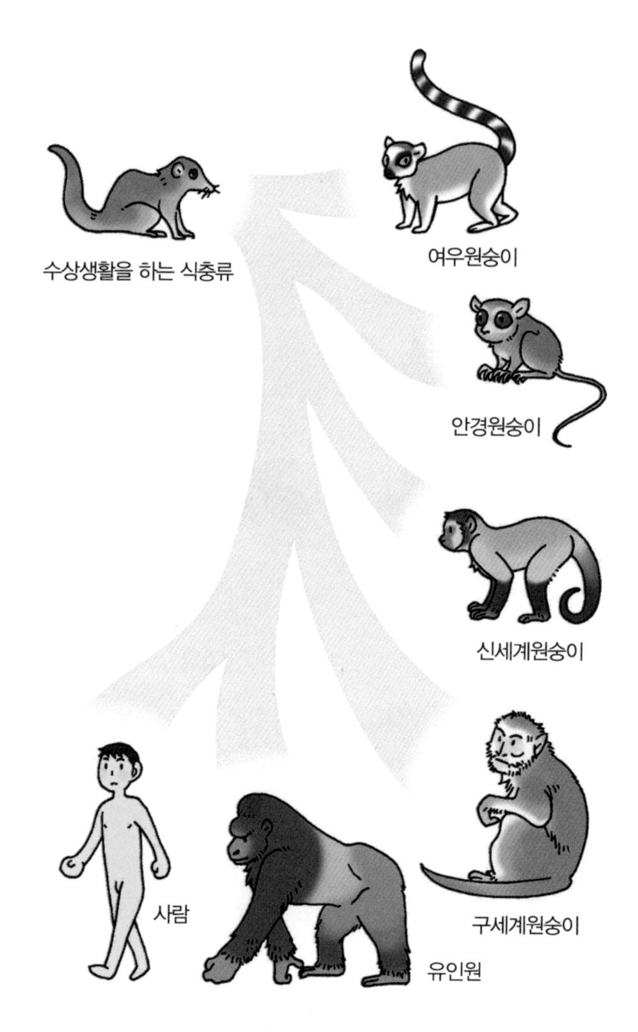

## ● 식물의 혈액형

혈액이 없는 식물에도 혈액형이 있다. 정확히는 혈액형이라기보다는 인간의 혈액형 물질이 특정 식물에 들어 있다. 예를 들어, A형 물질은 식나무, 사스레피나무 등에 들어있다. B형 물질은 꽝꽝나무, 줄사철나무 등에 있다. 또, O형 물질은 무, 순무, 애기동백나무, 동백나무, 단풍나무 등에 들어있다.

### 식물의 혈액형

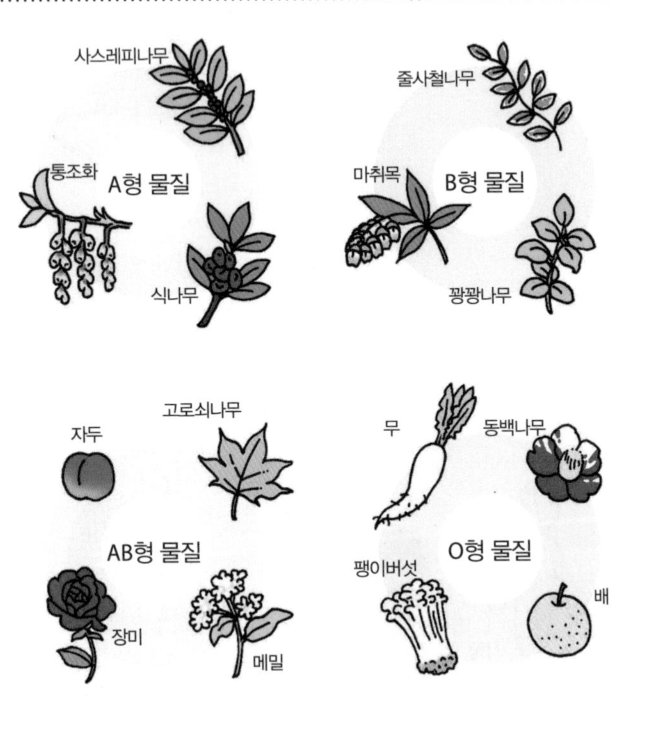

# 혈액형은 성격을 나타낸다?

TV나 주간지를 보면 **혈액형**과 **성격**의 상관관계가 화젯거리로 등장한다. A형은 꼼꼼하고, O형은 대범하다는 등, 그 평가도 다양하다. 이 내용은 정말 사실일까? 십인십색이란 말이 있을 정도로 사람의 성격은 천차만별이다. 성격을 몇 가지 유형으로 나눌 수는 있어도 혈액형 4가지로 사람의 성격을 분류할 수 있다는 말은 믿기 어렵다.

앞서 설명했다시피 인간의 혈액형은 혈구 표면에 있는 **혈액형 물질**에 따라 결정된다. 연구 결과에 따르면, 지금까지 발견된 혈액형의 수는 50가지가 넘는다. 또, 각 혈액형마다 1~4가지 종류가 있기 때문에 현재로써 인간이 가질 수 있는 모든 혈액형의 가짓수를 계산하면 1~4의 50제곱이라는 천문학적인 숫자가 나온다. 이렇게 수많은 혈액형 중에 오로지 ABO식 혈액형을 이용해 사람을 4가지 유형으로 분류하는 게 과연 의미가 있을까? 또, ABO 혈액형을 결정짓는 혈액형 물질은 적혈구 외에 침샘, 췌장, 신장, 간, 폐, 정소 등에서도 발견되지만, 정작 성격과 큰 관련이 있는 뇌에서는 발견되지 않는다.

백혈병을 앓았던 일본의 가부키 배우 이치카와 단주로(市川團十郎)가 2008년 12월에 무대로 복귀하면서 조히키(象引)를 선보인다는 기사가 보도되었다. '조히키'는 초대 단주로의 특기였으나, 거의 공연한 적이 없어 보기 드문 작품이었다. 이런 작품을 복귀작으로 선택한 단주로의 열정에 감탄했던 기억이 있다.

사실 단주로가 병에서 회복할 수 있었던 것은 여동생에게 골수이식을 받은 덕분이다. 그 결과 단주로의 혈액형은 A형에서 여동생과 같은 O형으로 바뀌었다고 한다. 조금 기이해 보일 수도 있지만, 골수이식은 수혈과는 다르게 혈액형이 일치하지 않아도 상관없으며 ABO 혈액형보다 오히려 백혈구 항원의 유형이 중요하다. 그렇다면, 혈액형이 바뀌면서 성격도 변하게 될까? 직접 대면한 적이 없어서 단정 지을 순 없지만, 가부키 공연만을 봤을 때, 성격이 변했다는 생각은 들지 않았다.

실례일 수도 있겠지만, 혈액형과 성격 사이에 아무 관련이 없다는 사실을 확실히 보여주는 예라고도 볼 수 있다.

## 혈액형에 따른 성격 분류

A형 : 착실, 진중
세심하고, 협조적임

B형 : 사교적, 자유분방
주관이 뚜렷한 낙천가

O형 : 너그럽고, 통솔력 있음
낭만주의자지만 엄격한 면도 있음

AB형 : 개성이 강하고 냉철함
탐구심이 왕성하고 합리적

# 혈액형을 통한 친자감정

'부모님이 A형이라 난 A형이다', '나는 A형이고 남편은 O형이니까 태어날 아이는 A형이거나 O형이다'.

**혈액형이 유전된다는** 사실은 상식이다. 수사나 재판 같은 법 집행 분야에서도 친자감정에 혈액형검사를 사용한다.

## ● 혈액형은 유전된다

잘 알려진 대로 유전은 **멘델의 법칙**을 따른다. 우리가 부모님을 닮은 이유는 아버지, 어머니의 유전 형질을 물려받았기 때문이다.

A형 유전자는 A형 물질(항원)을, B형 유전자는 B형 물질(항원)을 다음 세대로 전달한다. O형은 A형 물질, B형 물질 없이 적혈구 표면에 H항원만 있으며, O형 유전자를 물려준다. A형 유전자와 B형 유전자 사이에는 우열이 없어서 모두 대등하지만, O형 유전자는 A와 B에 비해서 열성이다.

모든 유전자가 그렇듯이 혈액형 유전자 역시 양쪽 부모에게 각각 하나씩 물려받는다. 그래서 우리 몸에는 혈액형 유전자가 2개 있다. 유전자형을 보면, A형인 사람은 양쪽 부모 모두에게 A형 유전자를 받은 AA이거나, 한쪽 부모에게 A를 다른 부모에게는 O를 물려받은 AO일 것이다. 마찬가지로 B형은 BB 혹은 BO, AB형은 AB, O형은 OO이다.

유전자형이 AA인 사람과 OO인 사람이 결혼했을 때, 태어날 아이의 유전자형은 AO밖에 없으며 A형으로 발현된다. 또, AO인 사람과 BO인 사람이 결혼한 경우 자식의 혈액형은 AO, BO, AB, OO로 4가지 조합이 가능해 A형, B형, AB형, O형이 모두 태어날 수 있다.

## ABO 혈액형의 유전자형과 항원

| 혈액형 | 유전자형 | 적혈구 표면의 항원 |
|---|---|---|
| A형 | AO | A항원, H항원 |
| | AA | A항원, A항원 |
| B형 | BO | B항원, H항원 |
| | BB | B항원, B항원 |
| O형 | OO | H항원, H항원 |
| AB형 | AB | A항원, B항원, H항원 |

## ● 혈액형을 이용한 친자감정

혈액형은 사람마다 다르다. 예를 들어, 일본인 중에 AB형은 약 9%이고, Rh(-)는 약 0.5%이다. 따라서 AB형인 동시에 Rh(-)인 사람은 단순 계산해 보면 대략 2,000명 중 1명꼴이다.

앞에서 말했듯이 50가지 이상의 혈액형 종류를 모두 조합하면 천문학적인 숫자가 나온다. 바꿔 말하면, 여러 종류의 혈액형 분류법을 합쳐서 활용했을 때 완전히 동일한 혈액형이 나올 확률은 매우 낮다. 또, 혈액형은 부모의 유전자에 따라 결정되기 때문에 자녀의 혈액형은 상대적으로 한정된다.

이런 점을 이용해 혈액형은 **친자를 확인**하는 데 사용된다. 자녀의 혈액형을 검사하여 친자인지 아닌지를 감정한다. 다만, ABO식 혈액형만으로 정확하지 않아 Rh형, MNSs형, P형, Q형 검사 결과 등을 종합해서 판정한다. 여러 혈액형을 조합해 검사하더라도 확률은 아주 희박하지만, 혈액형이 완전히 동일한 사람이 있을 수도 있다. 그래서 친자감정은 'C(자식)가 D(남편)와 F(부인)의 자식이 아니라는 것을 부정할 수는 없다'는 식의 소거법을 사용한다.

혈액형검사만으로 정확한 친자 확인이 어려울 때, 혈액형검사의 종류를 늘리거나 **유전자 감정**(DNA 감정)을 시행한다.

일본에서는 제2차 세계대전 후 중국에 잔류했던 일본인의 가족을 찾는 과정에서 혈액형검사를 이용했다.

## ABO 혈액형의 유전

| 양쪽 부모의 혈액형 조합 | | 태어날 자식의 혈액형 | |
|---|---|---|---|
| 혈액형 | 유전자형 | 유전자형 | 혈액형 |
| A×A | AA×AA | AA、AA、AA、AA | A형 |
| | AO×AA | AA、AA、AO、AO | A형 |
| | AO×AO | AA、AO、OO、OO | A, O형 |
| B×B | BB×BB | BB、BB、BB、BB | B형 |
| | BO×BB | BB、BB、BO、BO | B형 |
| | BO×BO | BB、BO、OO、OO | B, O형 |
| O×O | OO×OO | OO、OO、OO、OO | O형 |
| O×A | OO×AA | AO、AO、AO、AO | A형 |
| | OO×AO | AO、AO、OO、OO | A, O형 |
| O×B | OO×BB | BO、BO、BO、BO | B형 |
| | OO×BO | BO、BO、OO、OO | B, O형 |
| O×AB | OO×AB | AO、BO、AO、BO | A, B형 |
| A×B | AA×BB | AB、AB、AB、AB | AB형 |
| | AA×BO | AB、AO、AB、AO | AB, A형 |
| | AO×BB | AB、AB、BO、BO | AB, B형 |
| | AO×BO | AB、AO、BO、OO | AB, A, B, O형 |
| AB×AB | AB×AB | AA、AB、AB、BB | A, AB, B형 |
| AB×A | AB×AA | AA、AA、AB、AB | A, AB형 |
| | AB×AO | AA、AO、AB、BO | A, AB, B형 |
| AB×B | AB×BB | AB、AB、BB、BB | AB, B형 |
| | AB×BO | AB、AO、BB、BO | AB, A, B형 |

# 개인 식별 : 범죄백서<br>혈액은 거짓말을 하지 않는다

'피 다 잡은 논 없고 도둑 다 잡은 나라 없다.'

암울하게도 범죄는 끊임없이 일어난다. 강력 범죄가 늘어나는 양상이 예사롭지 않다. 형사 드라마를 보면 마지막에 반드시 진범이 붙잡히는데, 현실은 그렇지 않다. 용의자를 찾으면, 감정을 통해 진범인지 정확히 식별하고 법의 심판을 받도록 해야 한다. 혈액형은 범인을 특정할 때도 사용된다.

## ● 혈액형을 이용한 개인 식별

강력 범죄를 저지른 범인을 특정할 때 신중한 접근이 필요하다. 잘못하면 무고한 사람이 범인으로 몰릴 수 있기 때문이다. 범인을 식별할 때 다양한 측면으로 검토한다. 얼굴형이나 신장, 체중, 연령은 중요한 단서가 된다. 하지만 세상에 닮은 사람은 많다. 목격자가 범인이 50대라고 진술했지만, 막상 범인을 잡고 보니 30대였다는 식의 일은 자주 있다. 그만큼 범인을 외모로만 판별하는 것은 불확실방법이다.

개인을 특정하는 객관적인 방법으로 지문, 장문(掌紋), 치아의 모양, 혈액형, DNA 등을 이용한 판정법이 있다. 모두 실제 범죄 조사에서 사용한다. 치아 모양을 이용한 판정법의 경우는 일본항공 123편 추락 사고에서 희생자의 신원을 확인하는 데 도움이 되었다. 또, DNA 감정은 극소량의 체액, 모발 등으로 개인을 특정할 수 있기 때문에 아주 유용하다.

DNA 감정을 통해 역사적인 인물의 신원을 밝혀내기도 했다. 그 사례가 바로 러시아의 마지막 황제 니콜라이 2세이다. 1991년 우랄산맥 지대에서

## 개인 식별에 사용되는 정보

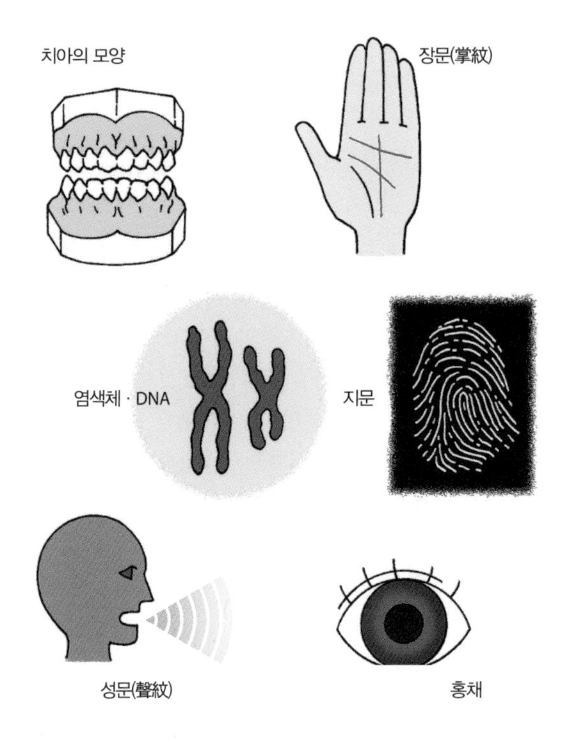


유골 9구가 발굴되었는데, 그 유골이 니콜라이 2세와 그 가족으로 추정되어 주목을 받았다. 당시 공교롭게도 유골의 신원을 확인할 수 있는 니콜라이 2세의 혈액이 일본에 남아 있었다. 1891년 당시 황태자였던 니콜라이 2세가 일본을 방문했을 때, 시가현(滋賀県) 오쓰시(大津市)에서 행사 경비를 담당하던 경찰관 쓰다 산조(津田三蔵)가 니콜라이 2세에게 칼을 휘두른 사건(오쓰 사건)이 있었다.

러시아와 관계가 악화될 것을 우려한 일본 정부는 범인 쓰다에게 엄벌을 내리려고 했으나, 현재 대법원에 해당하는 대심원의 원장, 고지마 이켄(児島 惟謙)은 원칙대로 법에 따라 무기징역을 선고했다. 이 사건이 일어났을 때, 니콜라이 2세의 상처에 대었던 손수건이 일본에 남아 있었다. 손수건에 묻어 있던 혈액과 유골의 DNA를 대조한 결과 유골이 니콜라이 2세가 맞는 것으로 판명되었다.

이 밖에도 DNA 감정은 인류 기원의 연구나 질병 진단 등에도 유용하게 사용된다. DNA 감정에 더 자세히 알고 싶다면 필자의 다른 저서인 『유전자 진단으로 무엇을 할 수 있을까-산전검사부터 범죄조사까지-』(고단샤)를 참고하길 바란다.

혈액형 또한 개인을 식별하는 데 도움이 된다. 만일 사건 현장에서 발견한 혈흔이 O형이고 체포된 용의자는 AB형이라면 무죄로 풀려난다. 혈액형 유형이 4가지 밖에 없는 ABO 혈액형에만 의존할 수 없기 때문에 Rh식 혈액형, MNSs 혈액형 등 여러 가지 혈액형 유형을 종합해서 판정하면 개인 식별의 정확도는 높아진다.

## 다양한 혈액형 판정법을 조합해 개인 식별 정확도를 향상

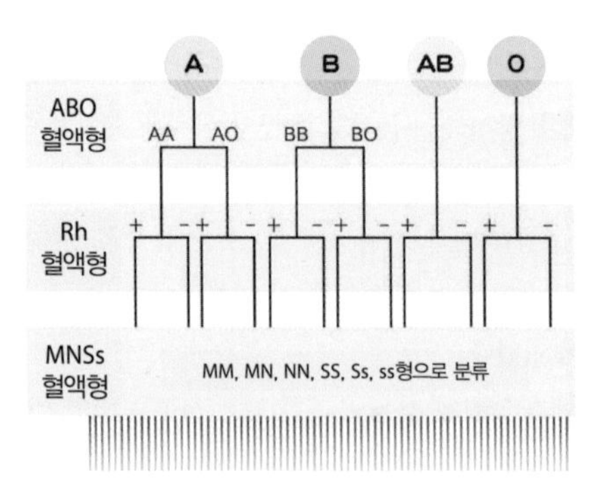

# 혈액이 생성되고 흐르는 과정

# 체내에 있는 혈액의 양은?

이미 여러 번 언급했듯이 혈액의 구성 성분은 대부분이 물이며, 거기에 혈구, 단백질, 지질, 당질, 호르몬 등이 녹아 있다. 그럼, 우리 몸속의 혈액량은 얼마나 될까?

## ● 혈액의 양

전체 혈액량은 체중의 약 1/3, 즉 7~8% 정도이다. 체중이 60kg이라면 혈액은 약 4.7ℓ로, 2리터짜리 페트병 2~3병 정도가 된다. 이렇게 많은 양의 혈액은 막힘없이 흘러 체내 구석구석까지 산소와 영양분 등을 운반하고, 몸속에 생긴 노폐물을 제거하는 역할을 한다. 체온이 오르락내리락하지 않고 적절한 수준을 유지하는 것도 혈액이 계속 흐르기 때문에 가능한 일이다. 촉촉해서 좋은 것은 피부뿐만 아니다. 우리 몸속도 혈액이 끊임없이 흐르는 덕분에 건강할 수 있다.

## ● 혈구의 수

혈액의 성분을 부피로 따졌을 때 약 45%는 혈액세포, 다시 말해 혈구가 차지한다. 혈구에는 산소를 운반하는 적혈구, 자기 방어 및 면역을 담당하는 백혈구, 그리고 귀중한 혈액의 손실을 막기 위해 출혈을 멎게 하는 혈소판이 있다. 혈구는 혈액 속에 어느 정도 존재할까?

혈액 1$\mu l$(100만분의 1ℓ)에 포함된 혈구를 세어 보면, 적혈구는 450~500만 개, 백혈구는 4,000~9,000개, 혈소판은 15만~40만 개 정도다. 생각보다

적게 느껴질 수 있다. 하지만 이 수치의 기준은 1㎕이다. 이제 온몸의 혈액량을 5ℓ로 가정해서 환산해 보자.

혈액 1ℓ당 적혈구 수는 $5 \times 10^{12}$개이다. 5ℓ면 약 $25 \times 10^{12}$개가 된다. 즉, 25조 개의 적혈구가 우리 몸속을 돌아다니며 산소를 전달하고 있는 것이다. 25조라는 숫자가 너무 커서 오히려 실감나지 않을 수 있다. 적혈구의 지름은 약 8~10㎛(1㎛=1,000분의 1㎜)이므로 몸속 적혈구를 모두 일렬로 늘어놓으면 지구를 6바퀴를 도는 거리와 같다. 얼마나 큰 숫자인지 이제 실감할 수 있을 것이다.

**적혈구를 일렬로 세우면 지구를 6바퀴 도는 거리와 같다.**

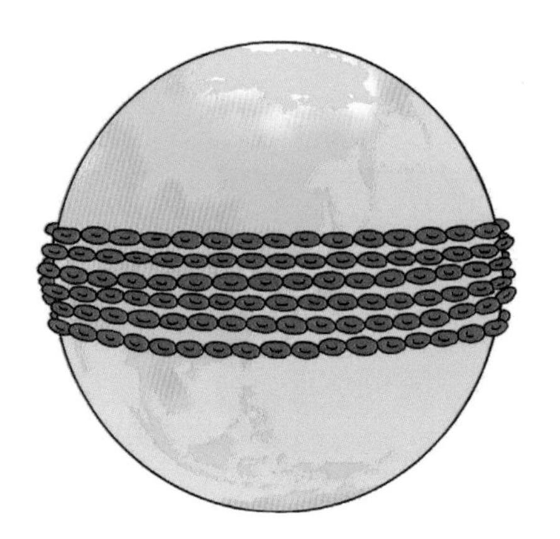

적혈구보다 수는 적어도 백혈구와 혈소판 역시 몸속에서 중요한 역할을 한다. 백혈구는 혈관을 타고 이동하지만 때에 따라 혈관 벽에 달라붙거나 폐 등에 많은 수가 저장되기도 한다. 감염을 일으키는 병원체 따위가 체내로 침입하는 비상 사태가 발생하면, 혈관으로 모여든다. 이런 원리로 백혈구 수는 감염증과 같이 염증을 판단하는 지표로 사용된다. 예를 들어, 오

른쪽 아랫배에 통증을 느끼는 환자의 경우 백혈구 수치를 검사해서 충수염(이른바 맹장염)을 진단하기도 한다.

우리 몸에는 이렇게 많은 혈구가 있으며, 얼마나 중요한 존재인지 숫자만으로도 짐작할 수 있다.

## 혈구 성분의 구성

적혈구 450만~500만 개
백혈구 4,000~9,000개
혈소판 15만~40만 개

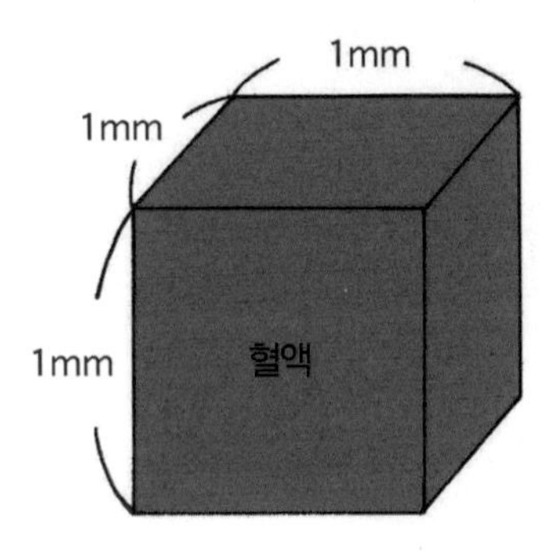

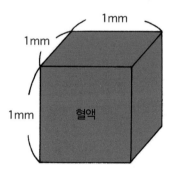

# 혈액은 어디에서 만들어질까?

인간은 살아가기 위해서 물을 마시고, 식사를 통해 영양소를 섭취해야 한다. 이렇게 섭취된 물과 영양소는 소중한 혈액을 만드는 원료가 된다. 간은 체내에 필요한 물질을 합성하는 공장 역할을 한다. 여기서 단백질, 당질 등이 만들어져 온몸으로 운반된다. 혈액 속 알부민 같은 단백질과 당질도 대부분이 간에서 생성된다.

그렇다고 모든 혈액의 성분이 간에서 합성되는 것은 아니다. 특히, 혈구는 간이 아닌 골수에서 만들어진다. 이제 혈구가 만들어지는 과정을 살펴보도록 하자.

## ● 혈구는 골수에서 생성된다

골수이식이란 단어를 들어본 적이 있을 것이다. 골수는 우리 몸 뼈 안쪽에 있는 조직이다. 치킨을 먹은 후에 닭 뼈를 반으로 잘라보면, 회색을 띠는 뼛속에서 황갈색 물질을 찾아볼 수 있다. 이것이 바로 골수이며 여기서 매일 혈구가 쉼 없이 만들어진다.

인간의 몸은 약 280개의 뼈로 구성되며, 이 뼛속에 골수가 들어있다. 그런데 모든 골수에서 혈구가 만들어지는 것은 아니다. 성인은 머리뼈, 척추뼈, 골반, 흉골, 늑골, 위팔뼈, 넙다리뼈 중심에 가까운 약 2/3 부분에서만 혈구가 생성된다. 그리고 보통 이 적색골수에서 필요한 만큼 충분한 혈구를 만들어낼 수 있다. 하지만 소아의 경우 필요한 혈구량에 비해 골수의 양이 적기 때문에 성인과 달리 경골 등에서도 혈구가 만들어진다.

용혈빈혈이란 질환이 있다. 이 병은 적혈구 막이나 효소의 이상, 또는 적혈구를 파괴하는 자가항체 때문에 발생한다. 적혈구의 수명은 보통 약 120일이며, 용혈빈혈은 적혈구의 수명이 짧고 그 결과 적혈구 수가 줄어들어 생긴다. 이때 우리 몸은 부족한 적혈구를 보충하기 위해서 건강할 때는 혈구를 만들어내지 않던 골수에서도 혈구를 생성한다. 인체에는 병과 싸워 이기기 위한 지혜가 숨어 있다.

## ● 혈구는 골수 이외의 장소에서도 생성된다

혈구는 골수에서만 생성될까? 태아가 뱃속에 있을 때는 난황주머니, 간, 비장 등에서 혈구가 만들어진다. 태아가 성장하면서 원래 혈액 생산(조혈 작용)을 맡았던 부위에서 혈액 생산이 점차 감소하고 태어날 무렵 골수에서만 혈구가 만들어지기 시작한다. 골수에서의 조혈이 더 효율적이기 때문이다.

다 자란 쥐는 골수뿐 아니라 비장, 간에서도 혈구를 만든다. 인간 역시 성인이라도 골수섬유증 같은 질병에 걸려 조혈 작용이 원활하지 않으면 비장, 간에서 혈구를 생성한다. 일종의 역행이라고 할 수 있다.

### 적색골수의 분포(원본 그림: 하시모토 미치오(橋本美智雄))

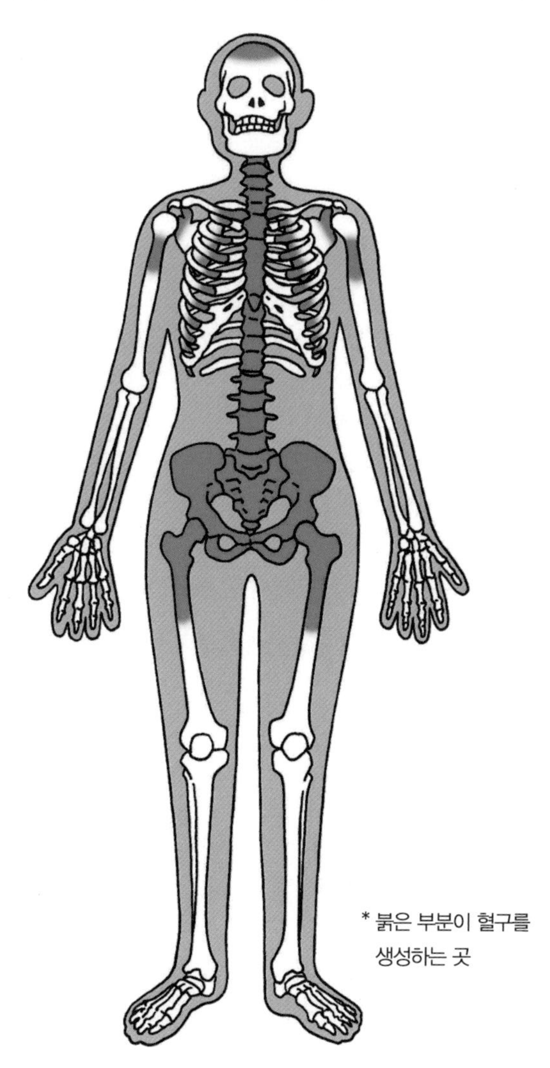

# 혈구의 근원, 조혈모 세포

혈구에는 이미 설명한 것처럼 적혈구, 백혈구, 혈소판 3종류가 있다. 이 중에서 백혈구는 다시 호중구, 호산구, 호염기구, 단핵구, 림프구로 나뉜다. 이 세 종류의 혈구는 생김새도, 기능도 저마다 다르다. 그렇다면 이 세 가지의 혈구는 각자 다른 세포에서 만들어질까?

과거에는 세 가지 혈구가 각각 다른 세포에서 생성된다고 여겼다. 즉, 적혈구를 만드는 부모 세포가 골수 안에 존재하고, 백혈구와 혈소판도 각자 부모 세포가 따로 있다고 생각했다. 그러나 사람에게 조부모가 있듯이 적혈구, 백혈구, 혈소판 3형제를 생성하는 근원은 사실 동일한 세포라는 사실이 밝혀졌다. 이런 세포를 조혈모세포(조혈간세포)라고 한다.

## ● 모든 혈구는 조혈모세포에서 만들어진다

혈구를 생산하는 공장인 골수 안에 혈구의 조상이라 할 수 있는 조혈모세포가 존재한다. 모든 세포는 세포 분열로 1개의 세포가 동일한 2개의 세포가 되며 계속 세포 수가 늘어난다. 조혈모세포 또한 동일한 원리로 분열하고 동시에 적혈구나 백혈구, 혈소판으로 나눠지는 분화가 일어난다. 분화에는 다양한 인자가 영향을 미친다. 분화된 각 혈구는 점차 고유의 기능이 생기고, 마침내 골수에서 혈액으로 방출된다. 그리고 혈액을 타고 이동하며 각자의 기능을 수행한다.

## 골수의 구조

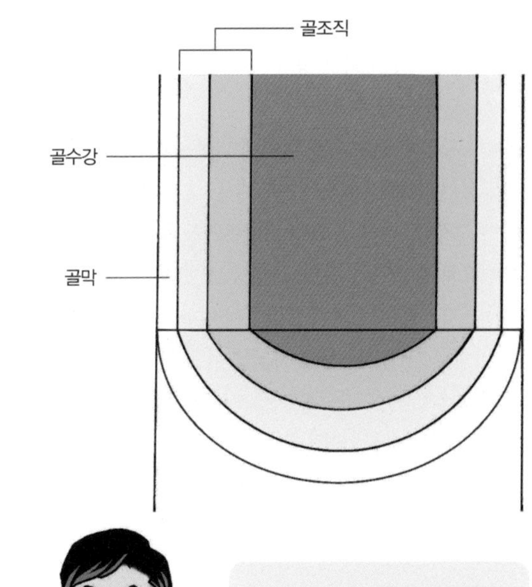

체중이 50kg인 사람의 몸에서 하루에
생성되는 혈구의 수를 계산해보면
적혈구 : 약1,250억 개
백혈구 : 약500억 개
혈소판 : 약1,250억 개
가 된다.


## ● 조혈모세포 이식으로 치료하는 질병

그렇다면, 조혈모세포 이상으로 발생하는 질병은 무엇이 있을까? 예를 들어, 방사선에 노출됐다고 가정했을 때, 방사선은 활발히 분열하는 세포에 손상을 준다. 이 영향으로 조혈모세포가 파괴되면, 조혈모세포에서 생산되는 적혈구, 백혈구, 혈소판이 모두 감소한다. 적혈구가 줄어들면 빈혈이 일어나고, 백혈구가 줄어들면 감염증에 취약해지며 혈소판이 줄어들면 출혈이 발생한다. 방사선 피폭이 치명적인 이유가 여기에 있다. 이 현상은 항암제 부작용으로도 일어날 수 있다.

방사선이나 항암제 같은 외부 요인에 의한 손상이 아니라 조혈모세포 자체의 이상으로 발생하는 병도 있다. 재생불량빈혈, 백혈병, 골수형성이상증후군 등이 그렇다. 이 병은 원래 만들어져야 할 적혈구, 백혈구, 혈소판이 모두 극단적으로 감소하여 빈혈, 감염증, 출혈이 발생한다. 그렇다면 백혈병은 백혈구 수가 증가할까? 백혈병에 걸리면 전체적인 백혈구 수가 증가하는 것은 맞지만, 대부분은 악성 세포인 백혈병세포이며, 정상적인 백혈구 수는 오히려 감소한다. 말하자면 굴러온 돌이 박힌 돌을 빼내는 셈이다.

그렇다면, 조혈모세포 이상으로 발생하는 병은 어떻게 치료할 수 있을까? 방사선 피폭이나 항암제가 원인인 경우는 악영향을 주는 요인을 제거하면 조혈모세포가 점차 회복된다. 하지만 손상 정도가 크면 쉽게 회복되지 않는다. 또, 중증 재생불량빈혈이나 백혈병은 자연스러운 회복을 기대하기 어렵다.

이처럼 병이 낫기 힘들면 새로운 조혈모세포를 넣어주는 수밖에 없다. 이것이 바로 조혈모세포이식이다. 조혈모세포이식은 건강한 사람의 골수세포, 혈액세포, 또는 제대혈 등을 환자의 몸에 주입하는 것이다. 이식된 조혈모세포가 환자의 몸에서 무사히 자리 잡고 제 기능을 하면 병이 낫는다.

## 조혈모세포에서 혈구를 생산하는 모식도

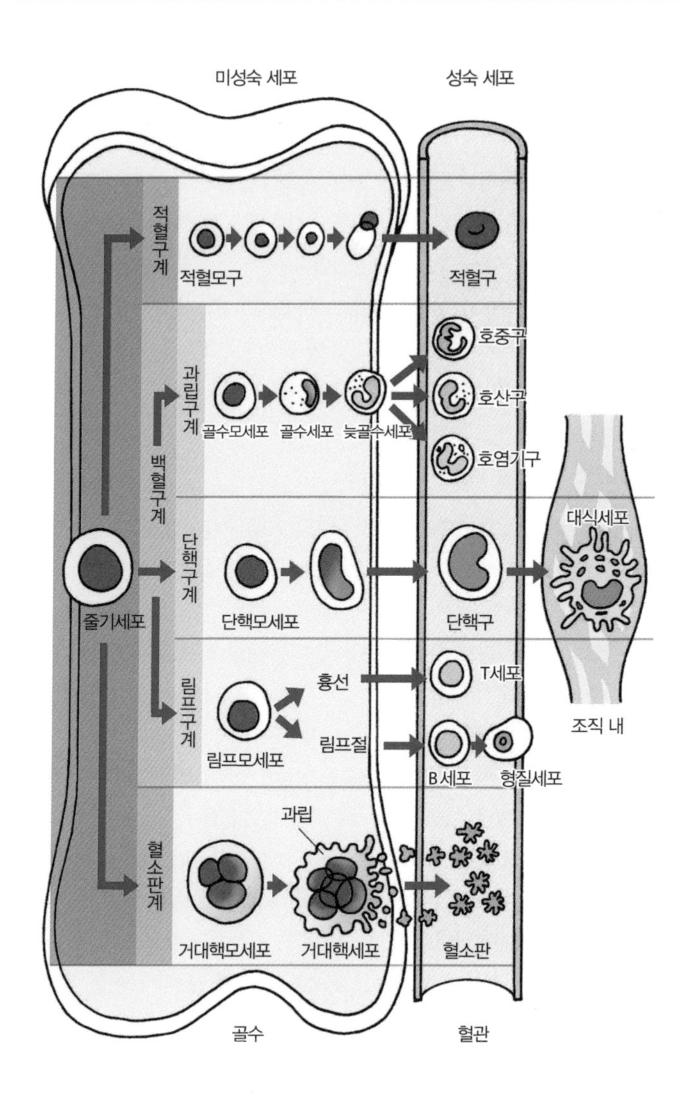

# 혈액은 어떻게 운반될까?

살아가는 데 없어서는 안 될 중요한 존재인 혈액은 몸속 구석구석까지 잘 전달되어야 한다. 대지진, 홍수 같은 자연재해가 일어날 때 라이프 라인이란 단어가 등장한다. 수도, 가스, 전기와 같이 우리 생활에 반드시 필요한 요소를 공급하는 이른바 생명선이라는 뜻이다. 이 중 가장 중요한 요소는 물이다. 물은 수도관이라는 파이프를 통해 전국에 가정으로 공급된다. 혈액도 마찬가지로 혈관이란 파이프를 타고 온몸으로 이동한다.

## ● 심장은 혈액을 내보내는 펌프

수돗물은 최종적으로 배수지에서 각 가정으로 운반된다. 원래 물은 높은 곳에서 낮은 곳으로 흐른다. 낮은 곳에서 높은 곳으로 흐르지는 않는다. 그런데 모든 가정이 배수지보다 낮은 곳에 있을 수는 없다. 각 가정에 수돗물을 빠짐없이 공급하려면 물에 압력을 주어서 강한 힘으로 내보내야 한다. 이런 이유에서 배수지마다 강력한 펌프가 설치돼 있고 이 펌프를 이용해 각 가정으로 물을 공급한다.

혈액을 내보내는 배수지는 심장이다. 심장은 1분 1초도 쉬지 않고 혈액을 온몸으로 내보낸다. 그리고 수도와 다르게 온몸을 타고 돌아온 혈액을 재활용하는 기능도 있다. 완벽한 친환경 구조다. 비단 혈액뿐 아니라 인체는 불필요한 부분 없이 아주 효율적으로 작동하도록 설계되어 있다.

심장은 근육 덩어리이다. 심장을 구성하는 근육에는 가로무늬근육과 민무늬근육 2종류가 있는데, 가로무늬근육은 주로 팔다리의 근육을, 민무늬근육은 위나 장의 내벽 등과 같은 내장 근육을 형성한다. 심장은 내장이면서도 가로무늬근육으로 이루어져 강한 힘으로 움직인다. 게다가 심장 안에는 심박을 조율하는 페이스 메이커가 있어서 끊임없이 규칙적으로 뛸 수 있다. 심장은 이렇게 온몸 혈액을 공급한다.

## ● 체내에 산소와 영양소를 공급하는 동맥

심장이 내보낸 혈액은 동맥을 타고 이동한다. 심장에서 혈액이 나올 때 동맥에 강한 압력을 주기 때문에, 동맥의 혈관 벽은 압력을 견디기 위해 튼튼하게 만들어졌다. 근육으로 형성된 동맥 벽은 심장 박동에 맞춰 이완과

### 심장은 끊임없이 혈액을 내보낸다

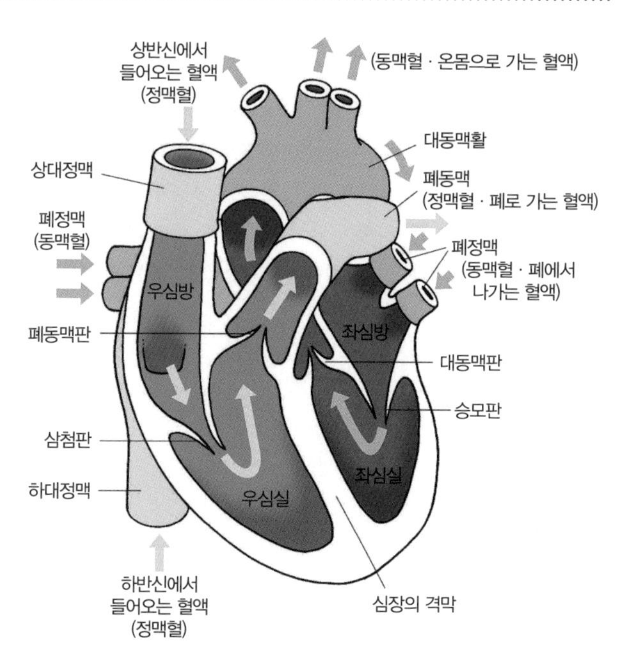

수축을 반복하며 혈액을 공급한다. 심장과 바로 연결된 대동맥은 굵고 두꺼운 벽을 가진 파이프다. 이윽고 동맥이 점차 가지처럼 갈라지고 가늘어지면 마지막에는 모세혈관이 된다.

## ● 물질을 교환하는 모세혈관

모세혈관은 온몸에 그물처럼 퍼져있다. 모세혈관 벽은 매우 얇기 때문에 산소와 영양소가 이곳에서 온몸의 세포 조직으로 이동한다. 반대로 조직에서 발생한 이산화탄소나 노폐물을 혈액으로 수거해 간다. 말하자면, 모세혈관은 물건을 배달하는 택배 기사와 쓸모 없어진 물건을 수거하는 고물상의 역할을 동시에 맡고 있다. 효율을 추구하는 인체의 지혜를 엿볼 수 있다.

## ● 노폐물을 수거하는 정맥

고물을 수거한 모세혈관은 곧 하나로 모여 정맥이 된다. 이곳저곳에 펴져있던 혈관이 만나면서 점차 굵은 정맥이 되고, 모아온 혈액은 심장으로 보낸다. 정맥은 혈압의 영향을 받지 않아서 동맥과 달리 혈관 벽이 얇다. 또, 혈관의 수축과 이완 작용이 크지 않기 때문에, 다리에서 심장으로 혈액을 이동시키려면 중력을 거슬러야 한다. 그렇게 되면 혈액의 흐름이 중력 방향인 심장에서 다리로 역류할 수 있기 때문에 혈류 역류를 방지하는 판막이 정맥에 있다. 이렇게 모인 혈액이 심장으로 돌아갔다가 폐로 이동해 산소를 공급받으면 동맥혈이 되고, 다시 온몸에 산소를 운반하기 시작한다.

## 혈관 모식도 정맥계(좌) · 동맥계(우)

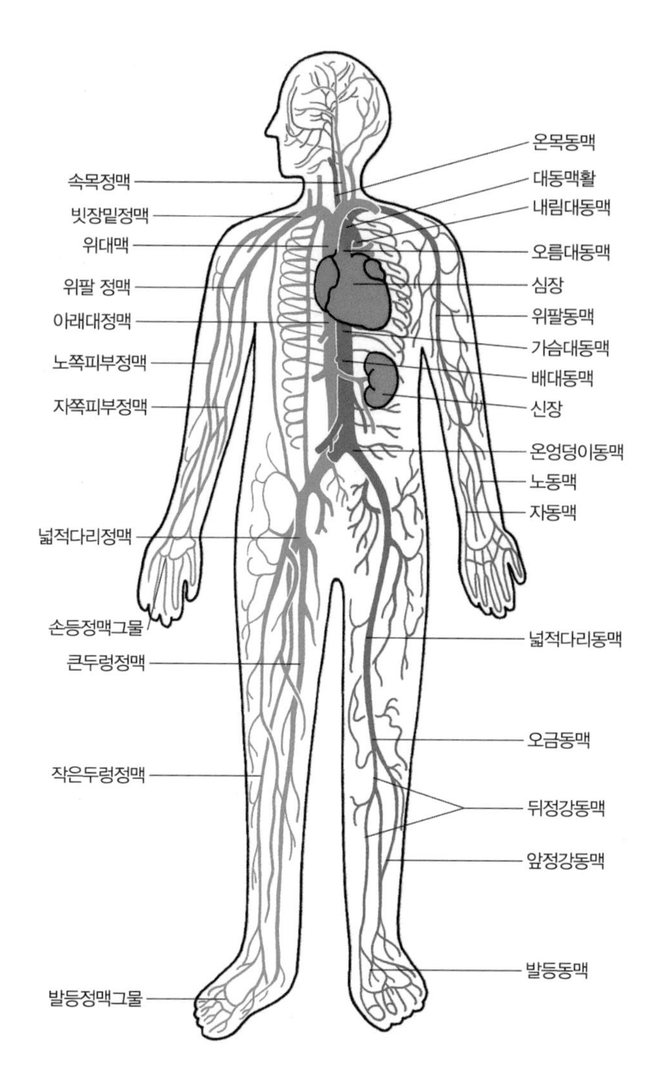

속목정맥
빗장밑정맥
위대맥
위팔 정맥
아래대정맥
노쪽피부정맥
자쪽피부정맥
넓적다리정맥
손등정맥그물
큰두렁정맥
작은두렁정맥
발등정맥그물
온목동맥
대동맥활
내림대동맥
오름대동맥
심장
위팔동맥
가슴대동맥
배대동맥
신장
온엉덩이동맥
노동맥
자동맥
넓적다리동맥
오금동맥
뒤정강동맥
앞정강동맥
발등동맥

# 혈액은 어떤 기능을 할까?

지금까지 혈액의 중요성에 대해 계속 설명했지만, 정작 우리 몸에서 어떤 일을 하는지 아직 모른다. 우리가 흔히 말하는 혈액에는 적혈구, 백혈구, 혈소판과 같은 혈구와 포도당, 단백질 등 다양한 물질이 들어있다. 그리고 각자 내체 불가능한 역할을 맡아 수행한다. 자동차에 타이어, 엔진, 라이트 같은 부품 중 하나라도 빠지면 작동하지 않듯이, 혈액을 구성하는 성분들도 제 역할을 해야만 건강을 유지할 수 있다.

혈액의 기능을 전부 설명하려면 이 책 한 권으로도 모자란다. 여기서는 특히 중요하고 대표적인 기능 위주로 소개하겠다.

## ● 산소를 운반한다

인간이 생존하는 데 가장 중요한 요소는 무엇일까? 그 대답으로 대부분은 공기나 물을 떠올릴 것이다. 앞서 언급했듯이 인간이라는 생명체는 세포라는 작은 구조물이 모여 구성된다. 성인의 몸에는 약 60조 개의 세포가 있고 이 수많은 세포 하나하나가 제 기능을 하려면 **공기**, 정확히는 **산소**와 물이 꼭 필요하다.

우리가 공기를 들이마시고 내쉬면서 호흡하듯이 세포 또한 우리 몸속 깊은 곳에서 호흡한다. 물질을 연소하려면 산소가 필요하다. 세포가 흡수한 산소는 세포 속에 저장된 영양소를 연소하는 데 사용된다. 실제 세포 불이 붙는 것은 아니지만, 산소와 물질이 반응하면서 에너지를 방출한다. 세포는 이 에너지를 원동력으로 생명 활동을 유지한다.

만약 산소 공급이 중단되면 어떻게 될까? 먼저 뇌세포가 손상된다. 단 몇

분이라도 산소가 공급되지 않으면 죽음에 이를 수 있다. 그만큼 산소는 생명을 유지하는 데 중요한 역할을 한다.

우리 몸 여기저기에 퍼진 60조 개의 세포에는 산소가 빠짐없이 전달되어야 하는데, 이 중대한 임무를 혈액이 맡고 있다. 정확히 말하면, **적혈구**에 들어있는 **헤모글로빈**이란 단백질이 산소를 운반한다. 헤모글로빈은 폐에서 산소와 결합하고 그 산소를 온몸으로 실어나른다. 모세혈관에 이르면 산소를 떨어뜨려 조직에 전달하고, 이 산소는 결국 조직에서 사용된다.

## ● 침략자를 물리친다

백혈구의 역할 중 하나는 외부 침략자를 물리치는 일이다. 지구상에는 인간 외에 다양한 생물이 존재한다. 쥐, 사자와 같은 동물과, 벚꽃, 장미와 같이 식물도 있다. 뿐만 아니라 대장균처럼 눈에는 보이지 않는 세균, 인플

### 적혈구의 기능

루엔자를 일으키는 바이러스 등도 존재한다. 이런 생물은 거의 인간과 공존한다.

때로는 우리 몸속에 침입하여 병을 일으키고, 목숨마저 빼앗아 가는 경우도 있다. 바로 병원균이라는 미생물인데 그 예로 바이러스, 세균, 곰팡이의 일종인 진균 등 그 종류가 무수히 많다. 하지만 인간의 신체는 이런 침략자의 공격에 몸을 지킬 방책을 갖고 있다.

우선 우리 몸의 표면은 피부라는 방어막이 빈틈없이 둘러싸고 있다. 위에서는 강력한 위산이 분비되어, 입을 통해 들어온 병원체를 살균한다. 귀와 기관은 가느다란 섬모가 무수히 나 있는 점막으로 덮여있어 공기 중의 이물질을 바깥으로 밀어낸다.

이런 방어막을 뚫고 병원체가 몸 안으로 침입하면 어떤 일이 벌어질까? 이때 백혈구가 출동한다. 백혈구는 세균, 과진균을 잡아먹고 화학 물질로 병원체를 분해한다. 또, 백혈구의 일종인 림프구는 면역 반응을 일으키는데 바이러스 침투 시 병원체에 대항하는 항체를 생성하여 바이러스를 제거한다(**오른쪽 그림**).

백혈구는 이처럼 우리 몸을 지키는 방위대 역할을 한다.

## ● 출혈을 멎게 한다

상처가 생기거나 수술을 받으면, 혈관에서 혈액이 새어 나온다. 이런 현상을 **출혈**이라고 한다. 만약에 출혈이 멈추지 않으면 어떻게 될까? 혈액 손실이 일어나면, 목숨을 잃을 수도 있다. 그런 일을 막기 위해 혈액 속에 출혈 멎게 하는 기능이 있다. 과정이 상당히 복잡하기 때문에 자세한 설명은 뒷부분에서 하겠다.

## ● 영양소를 배달하는 택배 기사

인간은 신선이 아니라서 공기와 물만 마시고 살아갈 수 없다. 걷거나 뛸 때 그리고 숨 쉴 때마저도 에너지가 필요하다. 자동차 엔진이 작동할 때 휘발유가 필수로 필요한 것처럼 인간에게도 에너지원이 있어야 한다. 근육 합성이나 생성에도 마찬가지다.

이처럼 생명 유지에 필수 불가결한 물질은 음식을 통해 얻는다. 그리고 소장에서 영양소를 흡수한다. 이렇게 흡수된 영양소는 어떻게 될까? 휘발유를 수송하는 파이프처럼 여기저기 뻗어있는 혈관이란 파이프를 통해 영양소가 온몸으로 운반된다. 혈관 속을 흐르는 혈액이 컨베이어벨트 역할을 하며 영양소를 실어 나른다.

### 백혈구의 기능

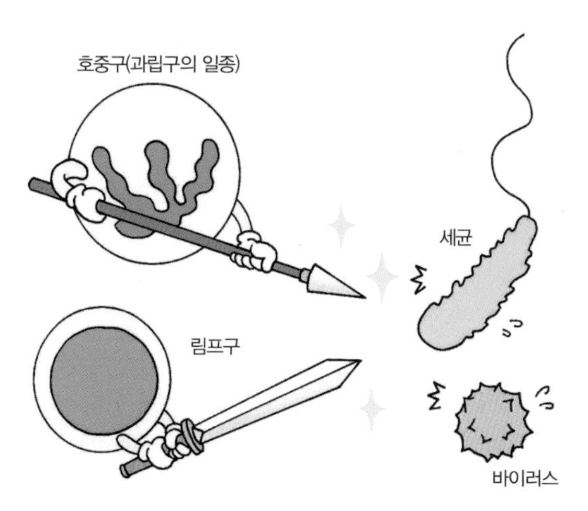

## ● 노폐물을 수거하는 고물상

공장에서 제품을 만들면 자연스럽게 쓰레기가 발생한다. 그런데 이 쓰레기를 제대로 치우지 않으면 그야말로 쓰레기 산이 되고 제품 생산에도 지장이 생긴다. 우리 몸도 비슷하다. 예를 들어, 음식물에서 얻은 포도당은 계속 포도당(글루코스)의 형태로 존재하지 않는다. 포도당은 산소와 만나 연소되면서 에너지를 생성한다. 또, 글리코겐의 형태로 저장되거나 중성지방 등으로 전환되기도 한다. 이런 화학 반응이 우리 몸속에서 끊임없이 일어난다.

이 과정에서 생기는 부산물이 노폐물이다. 산소를 다 사용하면 유해한 이산화탄소로 바뀌기도 한다. 이런 노폐물을 몸속에 계속 쌓아둘 수는 없다. 폐품은 신속하게 치워야 일에 방해가 되지 않는다. 이때 혈액이 큰 역할을 한다. 노폐물은 혈액을 타고 흘러가 간 혹은 신장에서 걸러지거나, 소변, 대변과 함께 몸 밖으로 배출된다. 이산화탄소는 폐를 통해 호흡으로 내보내진다.

## ● 체온을 지켜주는 보온 물주머니

인간의 체온은 항상 36~37℃로 유지된다. 아무리 날씨가 무더워도, 추운 극지방에 있어도 몸은 일정한 체온을 유지하려 애쓴다. 또, 우리 몸은 영양소가 몸 안으로 들어오면 에너지로 전환하는데 이 과정이 원활하게 일어나는 최적의 온도가 36~37℃이다. 체온이 너무 올라가면 열사병에 걸려 생명이 위태로워지고 반대로 설산에서 조난되어 체온이 떨어져도 마찬가지다.

물은 온도 조절에 가장 적합한 물질이다. 더울 때 열을 식혀주고, 추울 때는 따뜻한 물로 온도를 높일 수가 있다. 체온을 일정하게 유지하는 일도 액체인 혈액이 맡는다. 마치 보일러의 난방 배관처럼 온몸에 퍼진 혈관이 체온을 조절한다. 더울 때는 체온 상승을 억제하기 위해 피부에 가까운 혈관을 확장시켜 열을 방출한다. 반대로 추울 때는 열을 빼앗기지 않기 위해 혈관을 수축시킨다.

말하자면, 혈액은 여름에는 냉방기, 겨울에는 온수 물주머니로 활약한다. 이런 체온 유지 기능이 없는 뱀이나 개구리 같은 변온 동물은 겨울이 되면 모든 활동을 중단하고 온도가 일정하게 유지되는 땅속에서 잠을 잘 수밖에 없는 것이다.

## 혈소판의 기능은 P.126을 참조

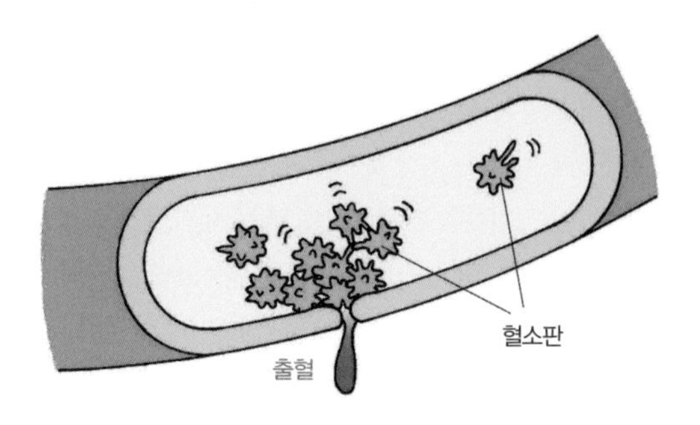

# 출혈이 생기면 어떻게 될까?

앞장에서 설명했다시피 **혈액**은 인간의 생명 유지에 필수적인 기능을 수행한다. 중요한 혈액이 소실되면 우리가 살아갈 수가 없다. 실제로 인해 혈액이 한꺼번에 몸 밖으로 빠져나가면 생명을 잃게 된다.

물은 인간이 먹고 음식을 만드는 데 사용된다. 또, 나무에 물을 주거나 세차 등 생활 전반에 필요하다. 이런 물은 수도관을 통해 운반된다. 전기는 전자 제품을 작동시키며 전선을 타고 발전소에서 각 가정으로 공급된다. 또, 가스는 불로 음식을 만들 때나 목욕물을 데울 때 사용한다. 가스 역시 가스관을 통해 가스 회사에서 각 가정으로 공급된다. 이렇게 우리 생활에 없어서는 안될 물, 전기, 수도관, 전선, 가스관은 라이프 라인이라 불리며 재해 발생 시 제일 먼저 복구해야 하는 시설이다.

혈액은 각 가정에 공급되는 물, 전기, 가스처럼, 아니 그 이상으로 중요한 물질이다. 체내에서 물, 전기, 가스를 모두 합친 기능을 하기 때문이다. 그리고 이 중요한 혈액을 운반하는 것이 바로 혈관이다. 혈관은 생명을 지키는 진정한 의미의 라이프 라인이다. 그렇기 때문에 혈액이 몸 밖으로 빠져나가면 한시라도 빨리 보충해야 생명을 유지할 수 있다.

## ● 과다 출혈로 인한 쇼크

많은 양의 혈액이 일시에 빠져나간다면, 어떤 일이 벌어질까? 교통사고 등으로 과다 출혈이 발생하면 우리 몸을 순환하던 혈액이 줄어들게 된다. 다시 말해, 전체 혈액량이 감소하면서 혈관을 따라 흐를 때 작용했던 압력인 혈압이 떨어진다.

## 표1 쇼크의 증상

| 피부 · 점막 창백 |
| --- |
| 허탈 |
| 냉감 |
| 약한 맥박 |
| 호흡곤란 |

## 표2 쇼크의 원인

| 혈장량 감소 | 출혈, 열상, 아나필락시스 등 |
| --- | --- |
| 심박출량 저하 | 심근경색 등 |
| 혈액 순환 장애 | 폐경색, 기흉, 심장막염, 심장판막질환 등 |
| 체내 혈액 분포 이상 | 패혈증 등 |

또, 혈액이 골고루 퍼질 수 없기 때문에 체내 조직에서 산소 결핍이 발생한다. 피부와 점막은 창백해지고, 체온 조절 기능을 잃어 체온이 내려간다. 뇌 기능이 떨어져 의식은 몽롱해진다. 간과 신장 등 여러 장기도 제대로 된 역할을 하지 못한다.

이런 위독한 상태를 의학적으로 **쇼크**라고 부른다(**표1**). 흔히 정신적으로 큰 충격을 받았을 때도 쇼크라는 말을 사용한다. 하지만 본래 앞서 설명한 의학적인 의미를 가리키며, 아무 조치도 하지 않으면 생명이 위태롭고 위험한 상태를 일컫는다. 의사가 쇼크 상태를 진단하면, 얼굴이 새파랗게 질리는데 이것이 흔히들 말하는 쇼크라고 할 수 있겠다. 과다 출혈로 쇼크에 빠진 경우는 수혈을 진행하여 혈압이 회복되도록 돕는다.

쇼크의 원인으로 출혈뿐 아니라 심근경색 등으로 인한 심장 기능 저하, 심한 통증 등과 같은 정신적인 요인, 심각한 감염증이나 알레르기 반응이 있다. (**P.123의 표2**). 쇼크 발생 원인에 따라 적합한 치료를 진행하면 상태가 개선될 수 있다.

## 과다 출혈로 인한 쇼크에 빠진 경우

피부 · 점막 창백

식은 땀

의식 혼탁

호흡 곤란

# 출혈이 있다가도 피가 멈추는 이유는?

이제 대량 출혈이 무서운 이유를 충분히 이해했을 것이다. 그런데 피가 나다가도 저절로 멎는 현상이 신기하게 느껴진 적이 있는가? 수도관에 금이 가서 물이 샌다면, 관을 교체하지 않는 이상 물이 새는 걸 막을 수 없다. 하지만 인간은 출혈이 생겼을 때 특별히 치료하지 않아도 저절로 피가 멈춘다. 이런 일은 어떻게 가능할까?

원래 인류는 산과 들에서 생활하는 동물이었다. 들판과 산에서 동물을 쫓거나 강에서 물고기를 잡아 연명했다. 여기저기 찔리고 베이는 것이 일상이었을 것이다. 이때 출혈이 스스로 멎는 능력이 없었다면, 그 당시 의학이 발전되지 않았으므로 출혈로 쓰러져 인류는 멸종했을지도 모른다.

하지만 그런 비극이 벌어지지 않고 오늘날까지 인류가 생존해 온 것은 스스로 출혈을 멈추는 능력 즉, 지혈이라는 방어 체계를 갖추고 있기 때문이다.

## ● 지혈이 일어나는 과정

출혈은 혈관이 손상돼 혈액이 혈관 밖으로 흘러나오는 현상을 가리킨다. 피부 밖으로 피가 새어 나온다면, 눈으로도 출혈을 확인할 수 있다. 하지만 반대로 내장이나 근육 등 몸속에서 출혈이 발생하면 겉으로 봐서 알 수 없다. 만약 대량 출혈이 발생하면 쇼크 상태에 빠진다.

상처로 인해 혈관이 손상되면, 우리 몸은 혈관 자체를 수축시켜 최대한 혈액의 유출을 막는다. 다음은 혈액 순환 속도를 늦추어 혈액이 빠르게 빠져나가는 것을 막는다. 이것이 우리 몸의 자연스러운 방어기전이다.

하지만 혈관을 조금 수축시킨 정도로 출혈이 멈출 리 없다. 터져버린 혈관에 모래주머니를 쌓아 막아야 하는데 이때 혈소판이 그 역할을 한다.

혈소판은 혈액에 들어있는 혈구 중 하나로, 직경이 3~4㎛(1㎛=1,000분의 1㎜) 밖에 안 되는 아주 작은 세포다. 하지만 알갱이가 작은 모래알을 모여 모래주머니가 되듯이, 작은 혈소판이 서로 엉겨 붙어 모래주머니 역할을 할 수 있다. 즉, 혈소판은 출혈이 일어나면 파열된 혈관 벽에 다닥다닥 서로 엉겨 붙어 덩어리를 형성하고 상처 난 부위를 덮는다. 이런 혈소판 덩어리를 혈전이라고 한다.

다만, 혈소판으로 이루어진 혈전은 매우 작은 혈소판이 서로 달라붙어 있는 모래주머니에 불과하다. 강한 혈류에 휩쓸리면 뿔뿔이 흩어져버려 그 역할을 다할 수 없다. 이런 일을 방지하기 위해 존재하는 물질이 바로 혈액응고인자이다.

혈액응고인자는 혈액에 들어있는 단백질의 일종으로, 평소에는 혈액 속에 녹아있어서 존재를 알아차리기 힘들다. 하지만, 출혈이 발생하면 혈액응고인자가 조금씩 반응하며 섬유소라는 단백질로 변한다. 이 섬유소는 혈소판으로 만들어진 혈전에 달라붙어 마치 시멘트가 모래주머니를 고정하듯이 혈전을 단단히 감싸는 점착제 역할을 한다. 이렇게 되면 웬만한 혈류에도 끄떡없다. 혈전이 손상된 혈관을 막으면 출혈이 멎는다. 이런 과정을 통해 지혈이 이루어진다.

파열됐던 혈관은 시간이 지나면서 자연스럽게 회복된다. 혈전은 이제 불필요한 존재가 된다. 혈전이 그대로 남아 있으면 오히려 혈액의 흐름을 방해할 수 있다. 이 때문에 혈전을 녹이는 물질인 섬유소 분해 효소가 작용해 혈전이 없어지고 혈액의 흐름이 원래대로 돌아온다.

## 지혈 체계

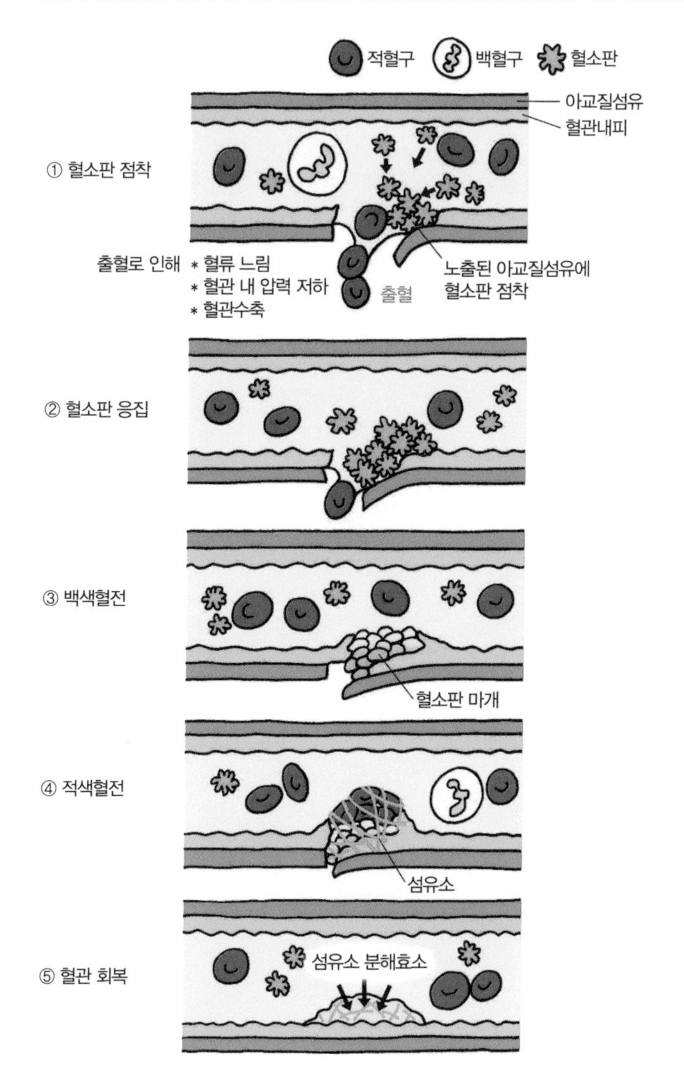

적혈구
백혈구
혈소판
아교질섬유
혈관내피
① 혈소판 점착
출혈로 인해
* 혈류 느림
* 혈관 내 압력 저하
* 혈관수축
출혈
노출된 아교질섬유에
혈소판 점착
② 혈소판 응집
③ 백색혈전
혈소판 마개
④ 적색혈전
섬유소
⑤ 혈관 회복
섬유소 분해효소

### ● 지혈 체계에 이상이 생기면 출혈은 멈추지 않는다

만약 지혈 체계에 이상이 생기면 어떻게 될까? 그렇게 되면 출혈이 쉽게 멈추지 않는다. 처음 지혈에 관여하는 혈소판이 감소하는 병으로 특발혈소판감소자반병이 있다. 자반병이라는 이름에서 알 수 있듯이 이 병에 걸리면 혈전이 잘 생기지 않아 양치질할 때 잇몸에서 피가 나고 코피도 잘 멈추지 않는다. 또, 피부에는 붉은 반점이 생기고 여성의 경우, 생리량이 늘어나기도 한다.

혈액응고인자가 부족해서 생기는 병도 있다. 선천적으로 발생하는 이 병은 바로 혈우병이다. 혈우병은 태어날 때부터 관절 내 출혈, 근육 내 출혈 등이 발생하기도 하는데 부족한 혈액응고인자를 보충하면 무리 없이 일상생활을 할 수 있다.

# 지혈 체계가 과도하게 작동해도 문제

이렇게 지혈 체계에 이상이 있으면, 때에 따라서는 목숨을 잃을 수도 있을 만큼 심한 출혈이 발생한다. 인간의 지혈 작용은 신이 주신 귀중한 선물이라고도 할 수 있다.

다만, 지혈 체계가 지나치게 활성화되어도 문제가 생긴다. 현대에는 상처를 입는 일이 적어지면서, 지혈 작용이 오히려 역효과를 불러일으켜 질병이 발생하기도 한다.

## ● 과도한 지혈 작용으로 발생하는 병

과도한 지혈 작용이 일어나면 혈관 속에 혈전이 쉽게 생긴다. 이렇게 생성된 혈전은 혈관을 막아버리기도 한다. 결과적으로 장기로 흘러가야 할 혈액이 제대로 전달되지 않아 장기가 손상을 입는다. 이런 현상을 경색이라고 한다.

경색이 뇌에서 발생하면 뇌경색, 심장에서 발생하면 심근경색이다. 물론 폐나 비장, 신장 등 다른 장기에서도 발생할 수 있다. 어떤 장기에 발생하건 경색은 위급한 상황을 초래한다. 대사증후군을 비롯해 당뇨병, 이상지혈증 같은 생활습관병이 동맥경화를 일으키고 혈관이 손상된 부위에 혈전이 지나치게 생성되면서 경색이 발생한다.

선조들이 오랫동안 체득한 인류의 지혜와 거리가 먼 과식, 운동 부족 등 잘못된 생활 습관은 우리 몸을 망칠 수 있다. 부디 선조들의 지혜를 가볍게 여기지 않길 바란다.

## 동맥경화의 진행

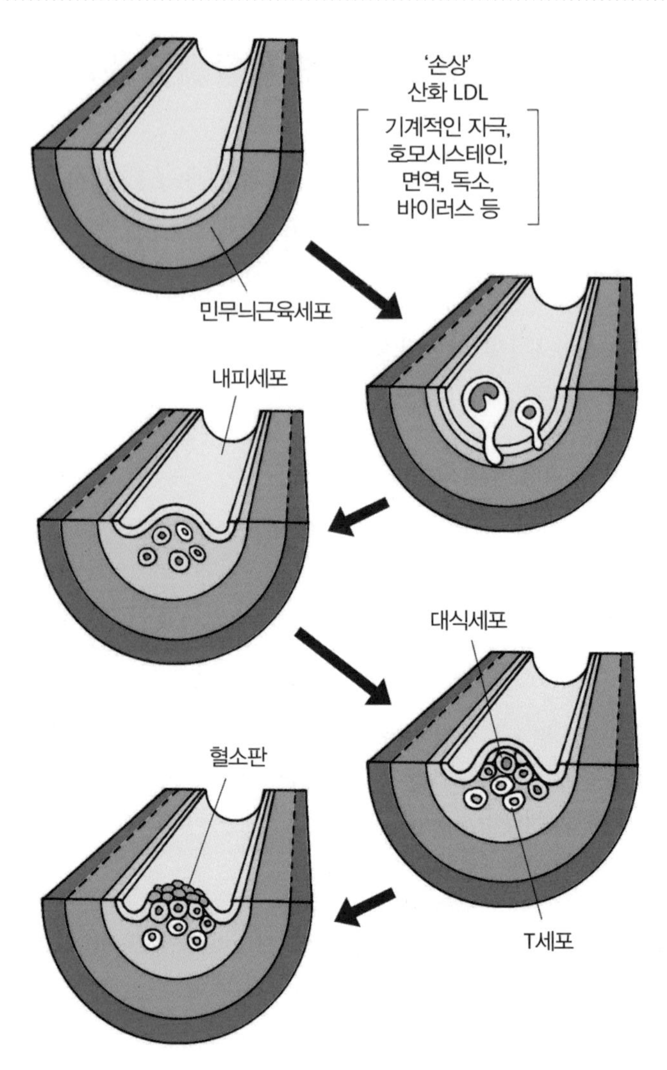

'손상'
산화 LDL
기계적인 자극,
호모시스테인,
면역, 독소,
바이러스 등
민무늬근육세포
내피세포
대식세포
혈소판
T세포

제5장

# 혈액과 면역, 알레르기

# 병원체의 공격에서 몸을 방어하는 체계

무사가 집 밖을 나서면, 항상 7명의 적이 기다린다는 말이 있다. 밖에서 그만큼 주위를 경계하고 조심해야 한다는 의미다. 지금은 검을 들고 싸울 일도 없는데 나를 노리는 적이 있을까 싶지만, 인류는 자연계의 구성원에 불과할 뿐 낭연히 사방에 항상 적이 도사리고 있다. 7명 정도가 아니라 조금이라도 빈틈을 보이면 인간의 몸속에 숨어들어 병을 일으키려는 각양각색의 무리가 있다.

도대체 그들의 정체는 무엇일까? 전자 현미경으로만 볼 수 있는 작디작은 바이러스에서 세균이나 진균(곰팡이의 일종), 곤충, 동물에 이르기까지 자연계에는 인류를 위협하는 적이 무수히 많다. 이른바 **병원체**다. 그런데도 우리가 이렇게 마음 편히 생활할 수 있는 이유는 무엇일까?

우리는 자각하지 못하지만 인간은 적이 접근하지 못하도록 튼튼한 갑옷으로 몸을 칭칭 감싸고 있고 체내는 적을 튕겨 낼 비밀 무기로 철저하게 무장하고 있기 때문있다.

## ● 비특이적 방어 시스템

우리 몸의 강력한 1차 방어벽은 **피부**와 **점막**이다. 피부는 몸 전체를 빈틈없이 뒤덮고 있고 그 표피 위로 몇 가지 세포가 층층이 쌓여 있다. 게다가 피부에서 분비되는 땀이나 기름 등의 성분도 병원체의 접근을 막는 효과가 있다. 세균이나 바이러스가 피부에 붙더라도 체내로는 들어올 수 없기 때문이다. 정말 갑옷과 같은 강력한 방어복인 셈이다.

한편, 점막은 구강이나 비강처럼 외부와 연결된 부분을 보호하는 방어벽이다. 여기서는 타액이나 콧물 같은 분비물을 흘려보내 외부에서 들어온 이물질을 제거한다. 그리고 비강에는 섬모가 있어 바람이 불면 움직이는 들판처럼 작은 이물질을 밖으로 내보낸다. 구강 점막을 지나서 침투한 이물질은 기관이나 폐포 등의 분비물 또는 섬모에 붙잡혀 가래로 내보낸다. 요도로 침투한 물질도 소변에 섞여 배출된다.

구강 점막으로 침투한 이물질은 위장에서 분비하는 강력한 위산에 의해 파괴된다. 그러나 아무리 방패가 튼튼해도 방패를 뚫는 창이 존재하듯이 방어벽도 무너지지 말란 법은 없다. 넘어지는 바람에 피부가 쓸려서 벗겨지면, 피부 방어벽에도 구멍이 생긴다. 호시탐탐 기회만 노리던 포도알균 같

## 피부의 구조

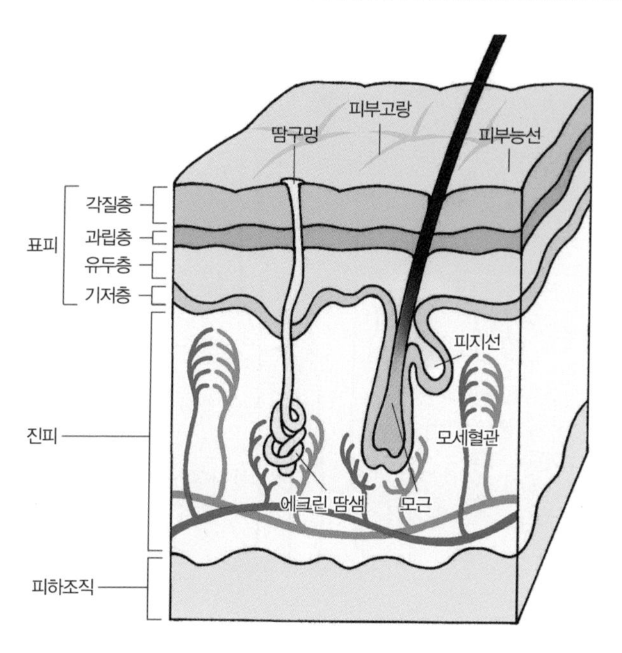

은 세균은 바로 상처를 통해 체내로 침입하여 화농을 유발한다.

다만, 피부 방어벽이 뚫렸다고 해서 바로 항복해야하는 것은 아니다. 상처 부위에는 우리 몸의 보병대라고 할 수 있는 백혈구가 집합하여 외부에서 침입한 적을 먹는다. 이런 활동을 의학용어로는 포식 작용이라 부르며, 말 그대로 세균을 잡아먹는 작용을 뜻한다. 백혈구 안에는 살균 효과가 있는 화학 물질이 있어서 먹은 세균을 분해한다.

## 다양한 백혈구의 기능

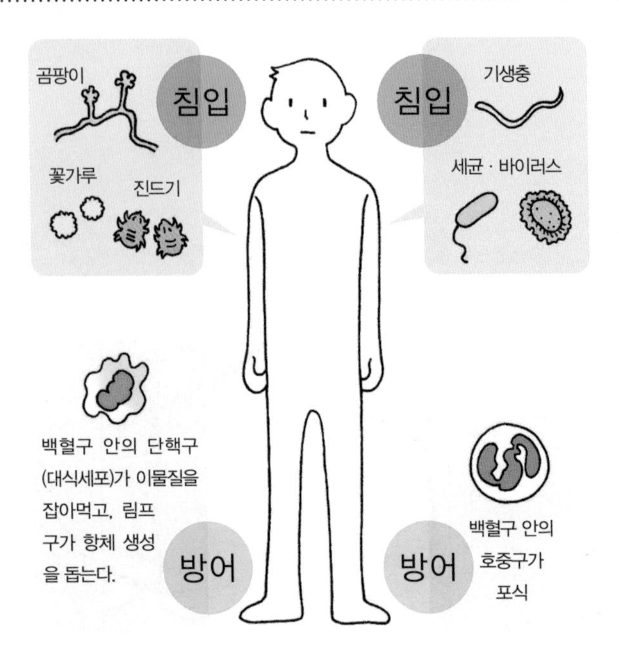

# 특정한 외부 침입자의 공격에서 몸을 지키자!

지금까지 설명한 방어 체계는 외부의 적이 누구냐에 상관없이 모든 침략자를 물리치기 때문에 비특이적 방어 작용이라고 부른다.

반면에 특정한 세균, 바이러스만을 노려 공격하는 방어 체계가 바로 **면역**이다. 홍역에 한 번 걸린 사람은 홍역에 다시 걸리지 않는다고 한다. 어떻게 그런 일이 가능할까?

## ● 특이적 방어체계——면역

홍역은 홍역 바이러스에 감염돼 발생하는 질병이다. 홍역 바이러스가 체내에 들어오면, 바이러스를 물리치기 위해서 림프구가 항체라는 단백질 물질을 만든다. 이 항체가 바이러스와 싸워 이기면 홍역이 낫는다. 그리고 홍역 항체는 평생 몸에 남게돼 홍역 바이러스가 다시금 침입하더라도 항체가 반응하여 더이상 홍역이 발병하지 않는다.

이런 방식으로 특정 병원체에만 작용하는 강력한 방어 체계를 면역이라고 부른다. 면역은 글자 그대로 '역병(전염병을 의미)을 면한다'는 의미에서 생긴 말이다. 항체 이외에도 림프구가 직접 병원체를 공격하는 면역 체계도 있다. 다양한 병원체에 맞서는 요격 미사일과 같은 역할을 한다. 특정 병원체를 맡아서 공격하는 림프구가 있는 것이다.

어떤 면역 체계든 병원체가 체내로 침입하면 경고등이 켜지면서 작동한다. 그렇다면, 사람이 직접 면역 체계를 만들어서 병을 예방할 수는 없을까? 이 점을 착안하여 개발한 것이 **예방 접종 백신**이다.

거의 죽었거나 힘이 약해져서 병을 일으킬 수 없는 바이러스, 세균 등을 인간에게 투여한다. 혹은 병원체 성분만 추출해서 투여해도 상관없다. 이런 물질이 체내에 들어오면, 신체는 적의 침입을 감지해 서둘러 면역 체계를 발동한다.

백신으로 잘 알려진 영국의 에드워드 제너(Edward Jenner, 1749~1823년)는 수많은 인류의 목숨을 앗아간 두창(천연두)을 극복하고자 했다. 두창은 치사율이 매우 높은 전염병이었다. 그런데 두창에 한 번 걸렸다가 무사히 회복한 사람은 두 번 다시 두창에 걸리지 않는다는 소문을 듣게 되고, 이 소문이 사실인지 궁금증을 품었다. 여기서 온 개념이 '평생면역'이다.

소가 앓는 우두는 사람의 두창과 비슷한데 제너는 이 우두로 생긴 고름과 딱지로 백신을 만들었다. 이렇게 탄생한 우두 백신은 낯선 존재였다. 사람들은 접종했다가 정말 병에 걸리는 것이 아닌지 두려워했다. 이에 제너는 본인의 아들에게 백신을 접종해 두창의 예방 효과를 직접 증명해 보였다. 1796년 그 발견 덕분에 두창 백신을 이용한 종두법이 널리 보급되었다.

일본의 경우 에도시대에 들어온 두창 백신을 오가타 고안(緖方洪庵)이 서민에게 접종하여 두창 예방에 기여했다. 다만, 당시 백신을 맞은 아이는 소로 변한다는 소문이 퍼져서, 백신 접종이 정착하는 데는 상당한 어려움이 있었다. 이런 노력에 힘입어 오래도록 인류를 위협했던 두창은 1980년 지구상에서 자취를 감췄다.

현대의 예방접 종은 인플루엔자, 홍역, 풍진, 간염, 파상풍 등 다양한 병을 예방하는 데 도움이 된다.

## ● 방어 체계가 무너져서 생기는 병

앞서 설명했듯이 우리는 생존에 필요한 방어 체계를 갖춘 채로 태어난다. 그런데 만약 이 방어 체계를 무너뜨릴 만큼 강력한 병원체를 만난다거나 당뇨병, 면역부전 등으로 방어 체계가 약해진다면, 외부 침입자를 제거하지 못해 병에 걸리게 된다. 제2차 세계 대전 이전에 기세를 떨쳤던 결핵은 치료제가 개발된 후 급격히 감소했다. 그러나 현재도 당뇨병처럼 면역력을 떨어뜨리는 질병에 걸린 고령자 등에게 여전히 발병한다.

건강을 지키려면 평소에 면역 방어 체계가 제대로 작동할 수 있도록 관리하는 것이 중요하다.

### 에드워드 제너의 초상

(촬영장소: 세인트 조지 대학교)

# 복잡기괴한 면역 체계

면역은 바이러스 같은 병원체의 공격에서 신체를 보호하는 수단으로 중요한 기능을 한다. 이런 면역 반응에서 주된 역할을 맡은 세포가 림프구이다. 면역 체계는 실제로 매우 복잡하지만, 뒤에 나올 면역체 혼란으로 발생하는 알레르기 질환, 자가면역질환을 이해하는 데 필요하므로 간단하게 설명하려고 한다.

## ● 면역에서 활약하는 세포

면역이란 바이러스 같은 특정 병원체가 침입했을 때 즉시 대항하기 위해서 공격 체계가 작동하는 것을 뜻한다. 면역이 제 기능을 하려면, 우선은 적이 침입했다는 사실을 사령부에 보고해야 한다. 이때 정찰대 역할은 맡는 세포를 항원제시세포라고 하며, 그 종류에는 가지세포, 대식세포, 림프구 등이 있다.

항원제시세포는 바이러스 등 병원체의 특정 성분(**항원**)을 인식하고, 면역 반응의 공격 부대인 림프구에게 해당 정보를 알린다. 그러면 림프구는 즉시 전투태세를 갖추고 전달받은 정보에 따라 침입자를 공격한다. 림프구에는 적을 직접 공격하는 T림프구와 항체라는 미사일로 외부의 적을 조준해 공격하는 B림프구가 있다. 즉, T림프구가 지상군, B림프구가 공군이라고 할 수 있다.

T림프구와 B림프구 모두 골수에 있는 조혈모세포에서 만들어진다. 조혈모세포에서 생성된 T림프구는 흉선이라는 장기(흉골 뒤쪽에 위치)에서 지상군이 되기 위한 훈련을 받으며 전투 능력을 기른다. 한편 B림프구는 림프

절 등에서 교육을 받고 공군 부대로 배치된다.

## 면역 체계

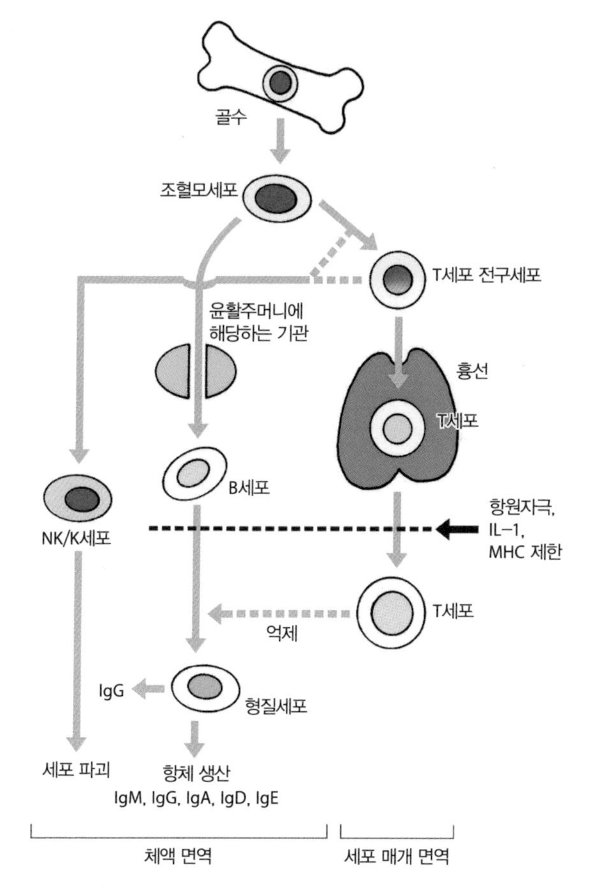

## ● 림프구가 주도하는 세포 매개 면역

T림프구가 이끄는 면역 작용을 **세포 매개 면역**이라 한다. 항원지시세포에게 정보를 입수한 T림프구는 전투에 나설 부대를 편성한다. T림프근는 인터페론, 인터루킨 등의 물질을 분비하며 병원체를 공격한다. 또, 암세포를 파괴하기도 한다.

투베르쿨린검사의 경우 결핵균 성분을 주사해 반응을 관찰하는데, 만일 결핵균에 감염된 적이 있다면 주사 부위가 붉고 단단하게 부풀어 오른다. 이런 반응이 나타나는 것은 과거에 결핵균이 체내에 들어왔던 사실을 기억하는 T림프구가 세포 매개 면역 반응을 일으켰기 때문이다.

## ● 항체가 담당하는 체액 면역

바이러스 등의 항원이 체내로 침입하면 항원을 물리치기 위해서 B림프구가 항체라는 단백질을 생성한다. 이렇게 만들어진 항체는 병원체를 파괴한다. 이것을 **체액 면역(체액성 면역)**이라 하며, 이때 B림프구가 중심 역할을 한다. 여기에 T림프구가 참여하면 체액 면역이 강력해진다.

보통 홍역에 한 번 걸리면, 평생 다시 걸리지 않는다. 이런 일이 가능한 것은 체내에 홍역 바이러스에 대한 항체가 존재하기 때문이다. 홍역을 앓고 오랜 시간이 지나면, 당연히 체내의 항체도 줄어든다. 하지만 홍역 바이러스가 또다시 침입하면 홍역 바이러스에 대한 기억이 곧바로 되살아나 빠르게 항체를 형성한다. 이런 이유로 홍역에 두 번 걸리는 일은 웬만해선 일어나지 않는다. 암 등에 걸려 면역력이 극도로 떨어져 항체를 만들 여력이 없는 경우를 제외한다면 말이다.

## 전신의 림프절

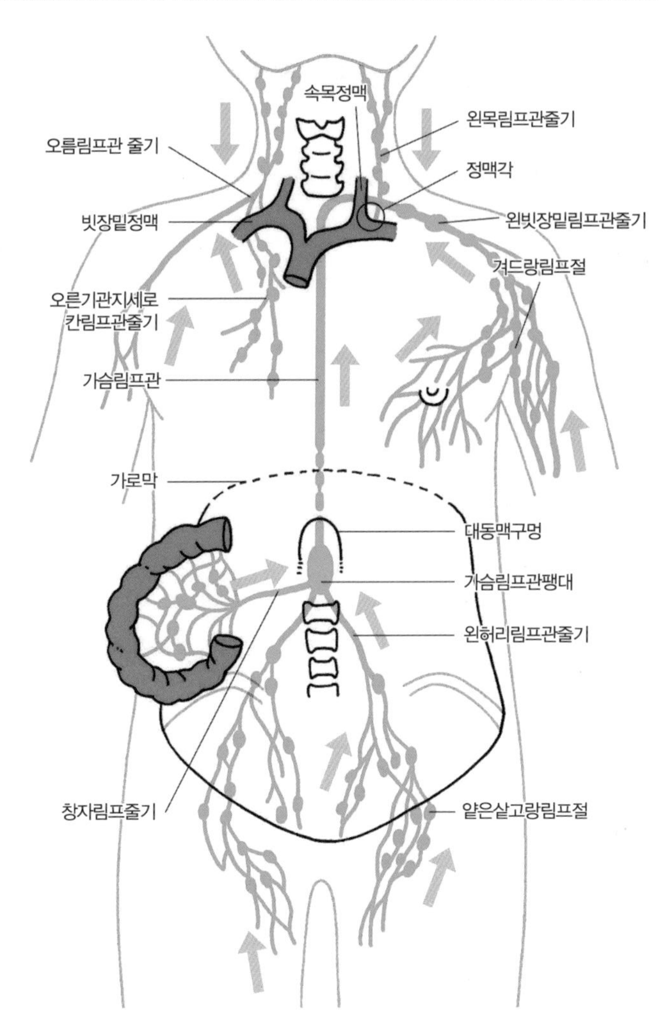
속목정맥
왼목림프관줄기
오름림프관 줄기
정맥각
빗장밑정맥
왼빗장밑림프관줄기
겨드랑림프절
오른기관지세로
칸림프관줄기
가슴림프관
가로막
대동맥구멍
가슴림프관팽대
왼허리림프관줄기
창자림프줄기
얕은샅고랑림프절

# 면역의 반란, 알레르기

앞서 설명한 면역은 이롭고 유익한 기능만 한다. 그러나 무슨 일이든 과유불급이다. 잘 벼린 칼이 양면성을 가지고 있는 것처럼 면역 역시 자기 몸에 악영향을 주기도 한다.

## ● 과도한 반응——알레르기의 발견

일본에 유명한 의학자인 기타자토 시바사부로(北里柴三郎, 1853~1931년)가 있다. 세균학을 연구했던 그는 독일에서 유학 중이던 1889년에 **파상풍균**을 발견했다. 파상풍균은 흙에 서식한다. 상처 등을 통해 인체로 들어오면 파상풍균 독소가 신경계 이상을 유발해 신경마비로 사망하게 되는 중증 감염증이다. 기타자토는 독자적으로 고안한 장치로 파상풍균 독소를 연구한 끝에 파상풍 독소를 중화하는 항독소(항체)를 발견하여 파상풍 혈청요법을 확립했다. 이 치료법은 현재까지도 로 파상풍 환자에게 시행되고 있다.

한편, 기타자토는 파상풍균 독소를 연구하던 중에 기묘한 반응을 목격했다. 소량의 파상풍균 독소를 실험용 쥐에 주사했을 때, 처음에는 독소를 주입해도 아무 반응이 없었으나, 독소를 반복해서 주사했더니 격렬한 반응을 보이기 시작했다. 알레르기 반응의 일종으로 추정되지만, 당시에는 그 현상을 설명할 길이 없어서 그저 우연히 일어난 일이라고 여겼다.

1902년에는 말미잘의 독소를 연구하던 폴 포이티어(Paul Portier)와 샤를 로베르 리셰(Charles Robert Richet)도 동일한 반응을 발견했다. 개에 말미잘의 독소를 처음 주사했을 때는 아무 일도 벌어지지 않았으나 동일한 독소를 다시 주사했더니 개가 격렬한 반응을 일으키며 쇼크 상태에 빠져 죽고 말았다.

그들은 이런 현상에 **아나필락시스**, 즉 '방어 불가능한 상태'라는 이름을 붙였다.

이런 연구가 알려지면서 체내에 이물질이 들어왔을 때, 이상 반응이 일어날 수 있음을 인식하게 되었고, 오스트리아의 소아과 의사인 폰 피르케(Clemens Peter Freiherr von Pirquet)는 이상 반응을 알레르기라고 명명했다. 알레르기란 그리스어로 '다른 행동'을 의미한다.

## ● 알레르기의 유형은 다양하다

이런 발견을 계기로 알레르기 연구가 진행되기 시작했다. 연구가 진행될수록 알레르기에도 몇 가지 유형이 있고, 그 체계가 상당히 복잡하다는 사실이 밝혀졌다. 가장 잘 알려진 알레르기로는 꽃가루와 식품 알레르기 등이 있고, 이런 유형을 **즉시형** 또는 **아토피형**이라고 부른다.

즉시형 알레르기는 꽃가루 같은 특정 성분이 항원이 되어 체내에 항체가 생기고 이 항원과 항체가 결합한 면역 복합체가 비만세포, 호염기구를 자극하여 히스타민 같은 화학 물질 분비를 촉진한다. 그 결과 피부나 점막이 붉게 부어오르고, 기침이나 재채기가 나온다. 이때 알레르기를 일으키는 원인 물질을 알레르겐이라고 한다.

알레르겐의 종류에는 동물성과 식물성 물질, 그 밖의 물질이 있다. 구체적으로 달걀, 새우, 게 등을 먹으면 두드러기가 나고, 때로는 쇼크를 일으켜 위급한 상황이 발생하기도 한다. 진드기 역시 알레르기의 원인이 된다. 식물성 물질 중에는 돼지풀과 삼나무의 꽃가루, 메밀, 밀가루 등에 노출되면 알레르기가 일어날 수 있다. 이외에는 약품, 집먼지(house dust), 화학 물질 등도 알레르기를 유발한다. 이런 알레르기 원인 물질에 모든 사람이 반응하지는 않으며, 특정한 사람에게만 알레르기 반응이 나타난다.

즉시형 알레르기는 우리가 흔히 아는 알레르기로써 I 형 알레르기로도 불린다. 알레르기 반응은 II~V형까지 분류되며, 유형별로 관련 질환이 널리 알려져 있다. Ⅱ형 알레르기는 자가면역용혈빈혈, Ⅲ형은 사구체신염, Ⅵ형은 장기이식 시 거부반응, Ⅴ형은 베체트병 등이다.

## 다양한 알레르겐

## 알레르기 반응 유형

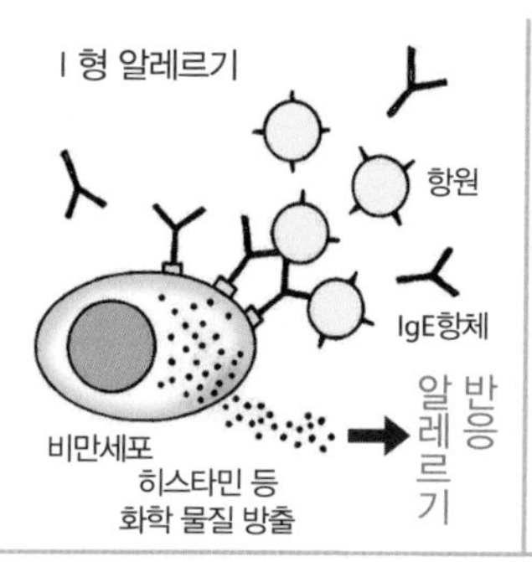


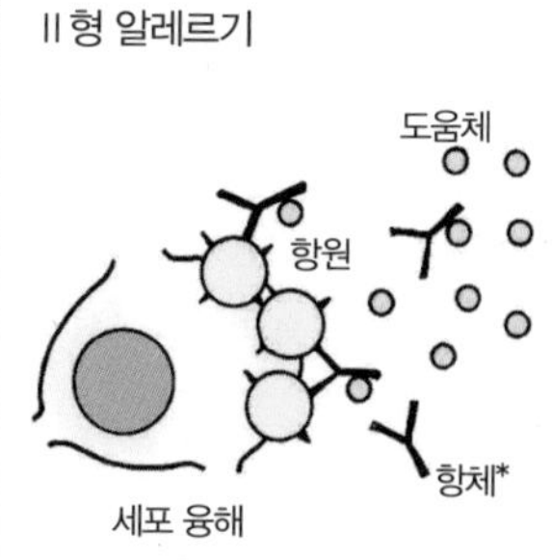


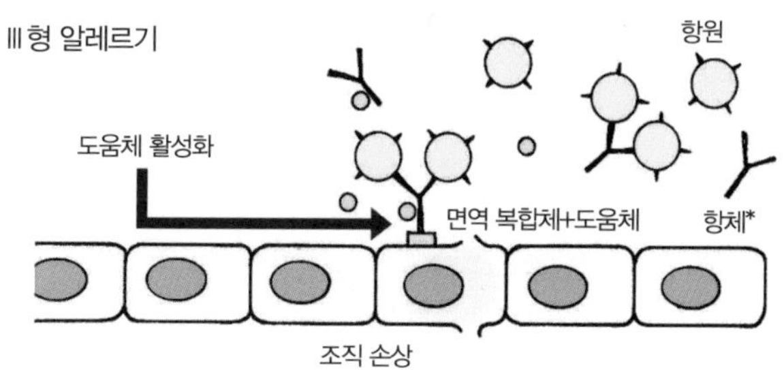


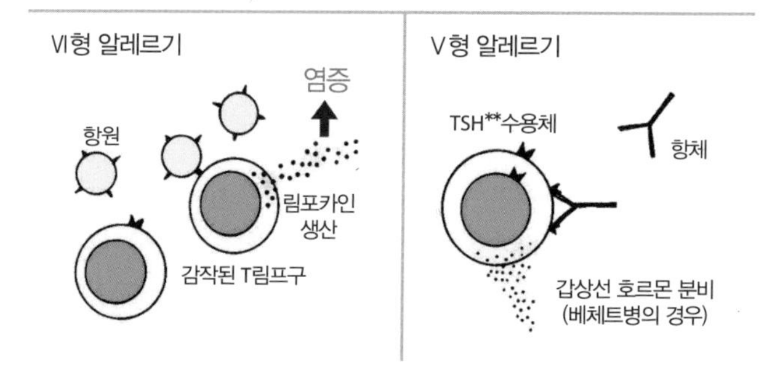


*도움체 결합(IgG, IgM)항체 (그림은 IgG항체를 나타내며, IgM 항체는 5량체임)
**thyroid stimulating hormone(갑상샘자극호르몬)

# 알레르기는 무서운 질병?

음식을 먹고 **알레르기**가 일어나도 대수롭지 않게 여기는 사람도 많을 것이다. 하지만 알레르기는 사실상 무서운 병으로 가볍게 봐서는 안 된다.

## ● 죽을 뻔한 의사

얼마 전에 동료 의사한테 이런 이야기를 들었다. 그는 태어나면서부터 새우, 게, 조개 등을 받아들이지 못하는 체질이었다. 그래서 초밥을 먹을 때도 알레르기가 일어날 만한 재료가 없는지 항상 신경 썼다. 그러나 요즘은 음식 종류가 다양해지면서 새우나 조개를 다져 넣은 음식도 흔해졌다. 음식에 들어간 모든 식재료를 미리 파악하는 것은 불가능에 가까웠다.

어느 날 식당에서 식사하던 중에 점점 의식이 아득해지는 느낌이 들었다고 한다. 얼마 안 있어 의식을 완전히 잃고 병원에 실려 갔다. 쇼크로 혈압이 떨어져 생명이 위험한 상태였다. 이런 상황에서는 혈압이 올라가도록 바로 수액을 맞고 안정을 취해야만 한다. 수액 주사의 효과가 나타나면 의식도 점차 돌아오고 기력을 회복한다.

내과 의사인 그는 쓰러진 후 알레르기 약을 항상 휴대하면서 비상 상태에 대비한다고 한다. 의사가 아니라면 이렇게 약을 소지하기가 어려울 수도 있다. 그런 경우 본인의 알레르겐을 적은 메모를 항상 가지고 다니는 것이 좋다.

## ● 벌의 공포

다들 벌에 쏘여 본 경험이 있을 것이다. 벌에 쏘이면 아픔을 느끼는 건 당연하고, 쏘인 부위가 붉게 부어오른다. 이런 현상은 벌침의 독소에 의한 알레르기 반응이다. 두드러기가 약간 생기는 정도는 조금 참으면 가라앉는다.

하지만 벌을 우습게 봐서는 안 된다. 벌침의 독성으로 인해 혈압이 떨어져 쇼크 상태가 돼 목숨을 잃는 사례도 있다. 지금도 일본에서 매년 약 40~56명이 벌에 쏘여 사망한다.

알레르기 반응을 유발하는 벌은 말벌, 왕바다리, 꿀벌 등이 있다. 특히, 산길을 걷거나 농사일을 하는 등 바깥에서 활동할 때 벌에 쏘이지 않도록 주의해야 한다.

**말벌에 쏘이면, 혈압이 급격히
떨어지면서 생명에 지장을 주는 사례도 있다**

# 알레르기를 예방하려면?

현대 사회로 발전하면서 **알레르기**로 고통받는 사람의 숫자가 늘어났다. 그중에서 꽃가루 알레르기, 기관지 천식, 아토피 피부염 환자가 특히 증가했다. 2005~2006년에 후생노동성이 실시한 조사에 따르면 기관지 천식이 의심되는 사람은 20세 이상의 성인에서 9.1%(전화조사), 10.4%(설문조사)에 달하는 것으로 나타났다. 이 결과를 단순 계산해 보면, 일본은 1000만 명 이상의 인구가 천식에 시달리는 것으로 추정된다.

알레르기 환자가 증가하는 이유는 아직 명확히 밝혀지지 않았지만, 사회 환경이나 식생활, 주거환경의 복잡한 변화, 스트레스를 원인으로 추측한다. 안타깝게도 알레르기 반응을 완전히 막을 수 있는 방법은 없다. 두드러기나 기관지 천식이 일어날 때 알레르기 반응의 주범인 화학 물질 분비를 억제하는 것이 최선이다. 또, 쇼크가 발생할 정도로 심각한 경우는 혈압을 높이고 혈액 순환을 촉진하는 치료를 진행해야 한다.

## ● 알레르겐을 멀리한다

알레르기 반응을 완전히 차단할 방법이 없다면, 애초에 알레르기가 일어나지 않도록 막는 것이 중요하다. 우선은 사람마다 제각기 다른 알레르기 원인 물질인 알레르겐을 확인하고 최대한 피해야 한다.

예를 들어, 초봄만 되면 꽃가루 알레르기가 생기는 사람은 삼나무 꽃가루 알레르기일 가능성이 있다. 알레르겐을 확실히 파악하기 어려운 경우도 있지만, 주요 알레르겐은 혈액검사로도 알 수 있다. 이른 봄에 꽃가루 알레르기를 경험하는 사람은 혈액검사를 통해 삼나무 꽃가루가 알레르기의 원인인지 확인하면 된다.

삼나무 꽃가루가 알레르겐으로 판명된다면, 될 수 있는 한 꽃가루와 접촉하는 상황을 피한다. 꽃가루가 날아다니는 계절에는 전용 마스크를 착용해 꽃가루에 노출되지 않도록 한다. 또, 외출하고 돌아왔을 때 옷에 붙은 꽃가루가 집안으로 유입되지 않도록 미리 옷을 털고 들어온다.

진드기나 집안 먼지가 알레르겐인 사람도 있다. 이때는 방 청소를 자주 하여 진드기가 생기지 않도록 주의한다. 두꺼운 양탄자는 화려한 분위기를 연출할 수 있는 소품인 동시에 집먼지진드기가 살기 좋은 최적의 장소다. 집먼지진드기 알레르기가 있는 사람은 마룻바닥이 더 건강에 좋다.

식품 알레르기라면 알레르기를 유발하는 음식을 먹지 않도록 조심한다. 실제로 급식으로 나온 메밀을 먹고서 발작을 일으킨 어린이의 사례가 있었다. 음식에 들어간 식재료를 확인하여 알레르기를 일으킬 수 있는 음식은 피하도록 한다.

## 꽃가루 알레르기 방지용 마스크

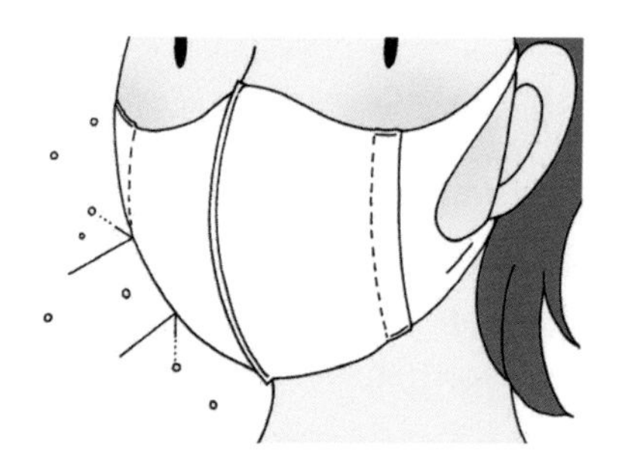

## 알레르겐을 피하려는 노력이 중요하다

'집먼지진드기 알레르기라면'
천 소파를 합성
가죽 등으로
교체한다
'식품 알레르기라면'
구운과자
계란, 설탕
옥수수 전분
재료명
우유, 식염,
베이킹 파
원재료
표시를
확인한다
양탄자나 카펫을 치우고
마룻바닥을 사용한다

## ● 신체를 서서히 길들이는 알레르기 면역요법

알레르겐을 아무리 피하려고 해도 완벽하게 벗어나기는 어렵다. 이런 문제를 보완하는 치료법이 **알레르기 면역요법**이다.

한겨울에 차가운 물속을 헤엄치는 겨울 수영을 떠올려 보자. 아무 준비 없이 갑자기 물속으로 뛰어들면 심장마비의 위험이 있다. 이런 일을 예방하기 위해 조금씩 몸에 물을 적셔가며 차가운 온도에 익숙해진 다음 바닷물에 들어가면 문제가 없다. 이와 같은 방법으로 신체를 알레르겐에 적응시키는 치료가 면역요법이다.

알레르기를 유발하는 알레르겐이 무엇인지 정확히 알았면, 알레르겐 추출물을 극소량에서 시작해 조금씩 양을 늘려가며 피하에 주사한다. 그렇게 되면 신체는 조금씩 알레르겐에 익숙해져 반응 정도가 약해진다.

알레르기를 앓는 모든 사람이 본인의 알레르겐을 정확히 알 수 없겠지만, 알레르겐을 파악하여 그 성분을 추출할 수 있는 경우 면역요법은 효과적인 치료법이 될 수 있다.

## 알레르기 면역요법

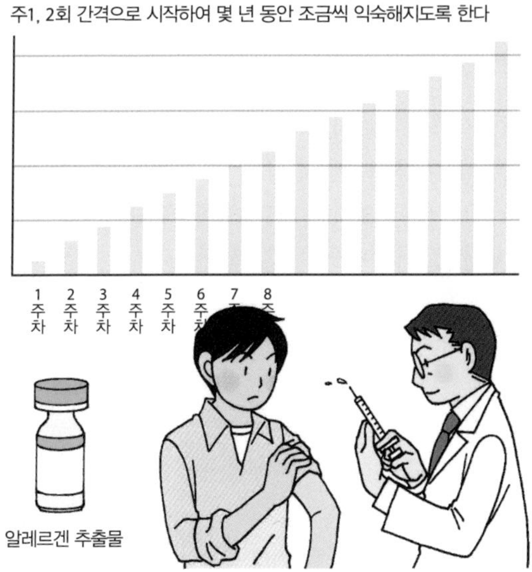

주1, 2회 간격으로 시작하여 몇 년 동안 조금씩 익숙해지도록 한다

1주차 2주차 3주차 4주차 5주차 6주차 7 8

알레르겐 추출물

# 자가면역질환이란?

면역 체계가 과민 반응을 보이는 것은 알레르기뿐만 아니다. 원래는 외부 물질인 항원을 제거해야 할 면역 체계가 자신을 공격하여 병이 생기기도 한다. 이런 병을 **자가면역질환**이라고 한다.

## ● 자가면역질환이 발생하는 과정

원래 인간은 선천적으로 자기의 체성분과 이물질을 구분할 수 있다. 우리 몸의 면역 감시 체계가 자기와 비자기를 확실히 구분하기 때문에 면역계가 자기 세포나 조직을 공격하는 일이 절대로 없다. 이것을 면역허용이라고 한다. 그런데 면역허용이 파괴되면서 면역계가 자기 세포나 조직을 적으로 간주해 공격하는데 이것이 자기면역질환이다.

자가 면역은 자기와 비자기를 구분하지 못하는 것에서 시작한다. 그 원인은 아직 정확히 밝혀지지 않았다. 다만, 바이러스 등에 감염되어 자기 성분이 변한 경우 이를 이물질로 오인하여 면역계가 자기 몸을 공격할 가능성도 있다고 한다. 또는 면역 감시 체계 자체에 이상이 생겼을 가능성도 배제할 수 없다.

자가면역질환은 자기 몸에 대항하는 항체가 생성되어 마치 미사일 공격하듯이 항체가 자신의 신체를 공격하면서 발생한다.

## ● 자가면역질환의 종류는?

자가면역질환에는 대표적으로 **아교질병**이 있다. 우리 몸에는 뼈, 관절, 근육, 내장 등 여러 가지 기능을 하는 조직이 있다. 그리고 조직과 조직 사이를 연결해주거나 지탱해주는 또 다른 조직이 있는데, 이를 **결합조직**이라고 한다. 결합조직의 주성분은 아교질 섬유이다. 이 결합조직에 만성적인 염증이 생기는 병이 아교질병(직역하면 콜라겐병)이다.

결합조직은 전신에 분포하기 때문에 아교질병에 걸리면 질병이 전신으로 퍼지는 경우가 많고, 피부나 관절에 이상이 발생하며, 염증으로 인해 발열을 동반한다. 또, 신장이나 간이 손상되기도 한다. 예컨대 심장병처럼 심장에만 이상이 생기는 것이 아니라 전신에 문제가 생긴다.

### 아교질병의 특징

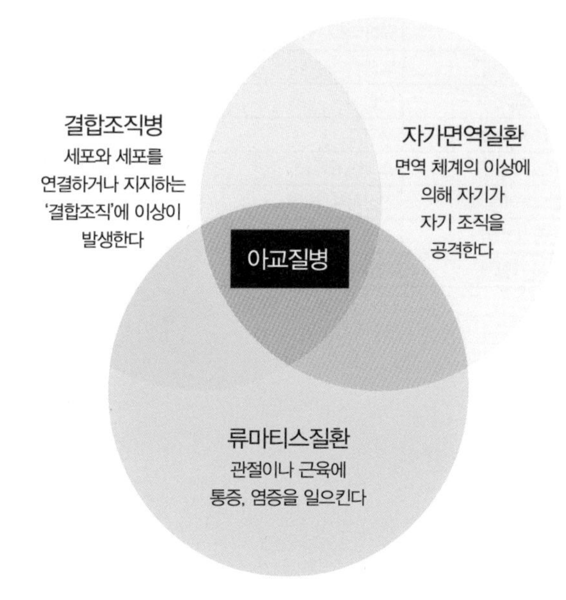
결합조직병
세포와 세포를
연결하거나 지지하는
'결합조직'에 이상이
발생한다
자가면역질환
면역 체계의 이상에
의해 자기가
자기 조직을
공격한다
아교질병
류마티스질환
관절이나 근육에
통증, 염증을 일으킨다

대표적인 아교질병에는 류마티스열과 류마티스관절염, 전신홍반루푸스, 전신피부경화증, 다발성근염, 다발근육염, 피부근염, 결절다발동맥염, 쇼그렌증후군 등이 있다. 그리고 이 질병의 공통적인 증상은 발열, 피부 · 점막의 발진, 탈모, 관절통 등이 이다. 전신홍반루푸스는 이에 더해 신장염, 간염, 심부전, 신경장애 등 다양한 증상이 관찰된다.

다른 자가면역질환도 있다. 갑상선 질환인 바제도병과 하시모토병(만성 갑상선염)을 비롯해 악성빈혈, 자가면역용혈빈혈, 일부 당뇨병, 다발경화증, 원형탈모, 베체트병 등의 경우 자가면역이 원인이 되어 발병한다.

## 주요 자가항체와 관련 질병

| 자가항체 | 주요 관련 질병 |
|---|---|
| 항핵항체 | SLE, 혼합결합조직병(MCTD), 쇼그렌 증후군,<br>전신피부경화증, 다발근육염, 피부근염 |
| 류마티스 인자 | 류마티스관절염 |
| 항DNA항체 | SLE |
| 항Sm항체 | SLE |
| 항U1RNP항체 | MCTD |
| 항SS-B항체 | 쇼그렌 증후군 |
| 항Scl-70항체 | 전신피부경화증 |
| 항중심절항체 | 크레스트증후군 |
| 항Jo-1항체 | 다발근육염 · 피부근염 |

## 류마티스관절염에 의한 손가락 변형

류마티스관절염에서 나타나는 손가락의 변형

① 백조목 변형
몸쪽에 가까운 손가락의 첫 마디가 앞으로 구부러지고, 중간 마디가 펴지고, 끝 마디가 앞으로 구부러진 상태

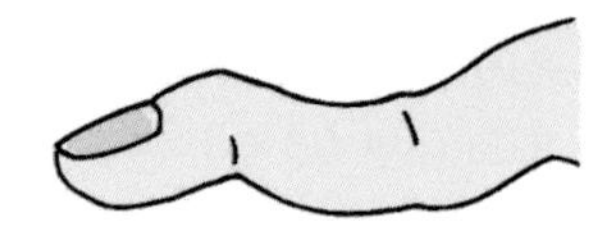

② 단추구멍 변형
손가락의 중간 마디가 손바닥 방향으로 구부러진 채 고정되고, 끝 마디는 반대 방향으로 젖혀진 상태

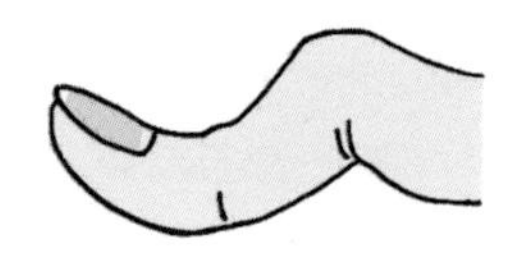

③ 손가락 척골편위
새끼손가락에서 검지까지 손허리손가락관절에 이상이 발생해 손가락 척골(아래팔을 구성하는 2개의 뼈 중 하나) 쪽으로 휘어있는 상태

# 자가면역질환을 치료하려면?

**자가면역질환**은 면역계 이상으로 발병한다. 면역계 이상을 바로잡기 위한 치료는 만성적인 염증을 완화하는 **부신피질호르몬제**와 면역계의 과민반응을 억제하는 **면역억제제**를 주로 사용한다.

## ● 대표적인 자가면역질환 치료제 : 부신피질호르몬제

자가면역질환에 걸리면 자가항체가 자기 몸의 세포와 조직을 공격하여 만성적인 염증을 일으킨다. 이 만성 염증을 효과적으로 가라앉히는 약물이 바로 부신피질호르몬제이다.

부신피질호르몬제는 매우 강한 염증 억제 효과가 있지만, 한편으로는 당뇨병이나 고혈압, 골다공증을 유발할 우려도 있다. 또, 얼굴이 달덩이처럼 부어오르는 이른바 문페이스 증상을 겪거나 수염이 짙어지기도 한다. 부신피질호르몬제가 확실한 효과를 발휘하는 것은 분명하지만, 이런 부작용을 고려하여 복용하는 양과 기간을 적절하게 조절해야 한다.

또, 모든 자가면역질환에 처음부터 부신피질자극호르몬제를 처방하지 않는다. 우선 염증을 억제할 목적으로 아스피린 같은 소염진통제를 사용한다. 류마티스관절염이 그런 예로 소염진통제로 치료를 시작한다.

## ● 면역 체계의 반란을 진압하는 면역억제제

면역억제제는 말 그대로 면역 기능을 억제하는 약물로, 부신피질호르몬제도 이런 면역억제제 중 하나다.

면역억제제를 개발한 이유는 장기이식 시 생기는 거부반응을 막기 위해서였다. 장기이식을 받으면 몸속에 있는 다른 사람의 장기를 면역 체계가 외부 이물질로 인식해 파괴하려고 한다. 이런 현상이 거부반응이다. 간, 신장 등과 같이 어렵게 이식한 장기가 거부반응으로 인해 손상되는 것은 너무 안타까운 일이다. 이런 일을 막기 위해 면역계의 기능을 억제하여 거부반응을 차단하고자 면역억제제(아래의 표)를 투여한다. 시클로스포린, 타크로리무스 등의 약물이 이에 해당한다.

면역억제제는 자가면역질환 치료제로도 활용된다. 그중 하나가 아교질병인 류마티스관절염이다. 류마티스관절염에 걸리면 손가락 등의 관절에 염증으로 통증, 변형 등이 생겨 마음대로 몸을 움직이기 어렵다. 전 세계 인구의 약 1%가 류마티스관절염을 앓고 있으며, 일본 내 환자 수는 60~70만 명으로 추산된다. 40~50대에게 주로 나타난다.

원래 류마티스관절염의 염증을 다스리기 위해서 우선 소염진통제를 사용하지만, 현재는 치료에 효과가 있는 면역억제제를 사용하여 환자의 고통

### 면역억제제

| 부신피질호르몬제 |
|---|
| 세포독성약물 |
| 대사길항제(아자티오프린 등) |
| 세포독성제 |
| 알킬화제 |
| 특이적 림프구 신호전달 방해물질 |
| 시클로스포린, 타크로리무스, 시롤리무스(라파마이신) |
| 항사이토카인약물 / 항사이트카인제 |
| 항체 |
| 기타 |
| 인터페론 등 |

을 줄이고 있다.

다만, 면역억제제가 면역 체계의 작용을 강제로 억제하는 약물인 만큼 면역 능력을 떨어뜨려 감염증에 쉽게 노출될 수 있다. 면역억제제를 최대한 효과적으로 사용하면서도 부작용을 줄일 수 있도록 세심한 주의를 기울이며 치료를 진행해야 한다.

## 부신피질호르몬제, 면역억제제의 기능과 부작용

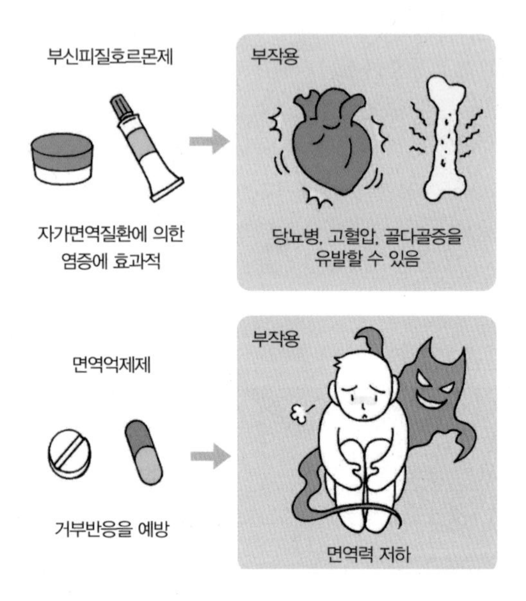

# 혈액의 구조와 적합성

# 수혈이 필요할 때는 언제일까?

마녀 메데이아가 노쇠한 시아버지에게 젊음을 되찾아 주고자 온몸의 혈액을 새로 바꿔준 이야기가 무려 2000년 전 그리스 신화에 등장한다. 실제로 아픈 사람의 몸에 건강한 사람의 혈액을 주입해서 병을 치료하는 **수혈**은 17세기에 시작되었다.

혈액이 우리 몸속을 돌아다니며 중요한 기능을 한다는 사실은 17세기에 밝혀졌다. 영국의 의학자 **윌리엄 하비**(William Harvey)가 혈액은 동맥을 타고 흐르다가 정맥으로 돌아온다는 **혈액순환론**을 주장했다. 믿기 힘들겠지만, 그전까지 혈액이 음식으로 만들어져 간을 통해 심장으로 이동하고, 심장에서 다시 전신의 조직으로 흡수된다는 **갈레노스의 이론**이 통용되고 있었다.

혈액이 온몸을 순환한다는 하비의 주장을 바탕으로 피를 많이 흘린 환자에게 수혈을 시행했다. 당시에는 인간의 혈액처럼 붉다면 어떤 혈액이든 상관없다고 여겨 양의 혈액을 인간에게 수혈했다. 그 결과는 상상 이상이었다.

19세기에는 인간 간의 수혈이 처음 성사되었다. 그렇지만, 혈액형의 존재가 밝혀지지 않아서 무작정 수혈을 시도했다. 인간의 혈액이 아니거나 혈액형이 맞지 않는 혈액을 수혈하면 수혈 받은 환자의 몸에서 적혈구가 파괴(용혈)되고, 신장이 손상을 입어 생명이 위독해진다.

20세기에 와서 환자의 혈액형에 맞춰 수혈이 이루어졌고 질병이나 부상 치료 등에 효과를 발휘하기 시작했다. 일본은 1889년경에 수혈이 시작되었다. 1930년에 도쿄역에서 괴한의 총을 맞고 쓰러진, 그 당시 총리였던 하마구치 오사치(浜口雄幸)는 수혈로 목숨을 건졌다.

### ●부상이나 수술 등에 의한 출혈

교통사고 등으로 인해 혈관이 손상되면 대량 출혈이 일어난다. 또, 암을 제거하는 수술에서 피부나 점막을 절개할 때도 혈관이 손상돼 출혈이 발생한다. 외과수술 시 출혈이 발생하면 동시에 혈관을 봉합하고 지혈하면서 수술을 진행하지만, 대량 출혈이 일어날 가능성은 여전히 있다.

대량의 혈액이 손실되면, 혈압을 정상적으로 유지할 수 없어 뇌, 심장, 등의 장기가 손상된다. 이 때문에 혈액형이 일치하는 건강한 사람의 혈액으로 손실된 혈액을 보충해야 한다. 즉, 수혈이 필요하다.

## 빈혈의 분류

| 혈구생성장애 |
|---|
| 조혈모세포 이상 |
| 재생불량빈혈, 백혈병, 다발골수종 |
| 적혈구 생성에 필요한 영양소의 결핍 |
| 철결핍빈혈, 악성빈혈, 엽산결핍빈혈 |
| 혈구의 파괴 |
| 용혈빈혈 |
| 혈구 손실 |
| 출혈 |

## 수혈의 적응증

| 재생불량빈혈 |
|---|
| 백혈병 |
| 다발골수종 |

## ●빈혈 치료에 필요한 수혈

빈혈은 혈중 헤모글로빈 농도가 감소하여 발생하는 질환이다. 다양한 빈혈의 종류 중에서 발생 빈도가 가장 높은 것은 철결핍빈혈로, 생리불순이나 자궁근종이 있는 여성에게 자주 찾아볼 수 있다. 철결핍빈혈이 있는 사람은 철분제를 복용하면 비교적 쉽게 빈혈에서 벗어날 수 있다. 또, 비타민$B_{12}$ 부족 또는 엽산 부족이 빈혈의 원인인 경우도 비타민$B_{12}$와 엽산을 보충하면 치료 효과가 상승한다.

이에 비해 재생불량빈혈, 백혈병에 의한 빈혈 등은 쉽게 치료되지 않는다. 숨이 크게 가쁘고, 무력감이 심하며 수혈을 통해 빈혈을 개선한다.

**철분결핍빈혈은 손톱이 숟가락 모양으로 변형되거나 쉽게 부러지는 증상이 나타난다**

철결핍빈혈으로 의한 손톱 이상

① 손톱 표면이 얇게 벗겨지거나 선이 생기면서 쉽게 부러진다

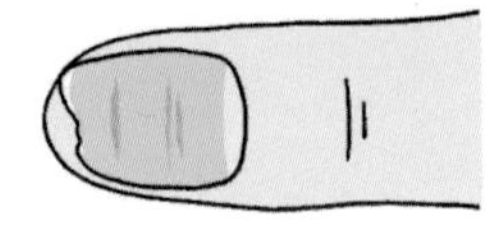

② 손톱이 위로 젖혀져서 숟가락 모양이 된다

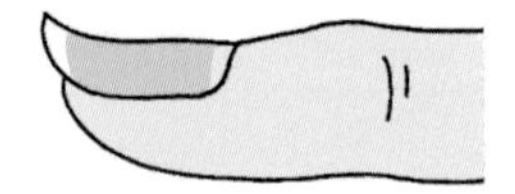

## ●교환수혈

전격간염 같이 중증 간질환이나 심각한 심부전이 발생하면 혈액 속에 해로운 물질이 제거되지 않아 신체에 악영향을 준다. 이때 효과적인 치료법이 없다면, 체내의 혈액을 바꿔주는 치료를 시행한다. 이것이 바로 교환수혈이다. 비유하자면 트럼프에서 카드를 전부 교환하는 것과 같다.

교환수혈은 환자의 혈액에서 병을 유발하는 물질을 제거하는 동시에 건강한 사람의 혈액을 수혈하는 방식으로 진행된다.

## 수혈의 역사

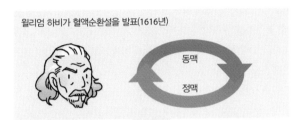

윌리엄 하비가 혈액순환설을 발표(1616년)

동맥

정맥

장 밥티스트 드니가 새끼 양의 혈액을 사람에게 수혈(1667년)

제임스 블런델이 사람 간 동종 수혈에 성공(1818년)

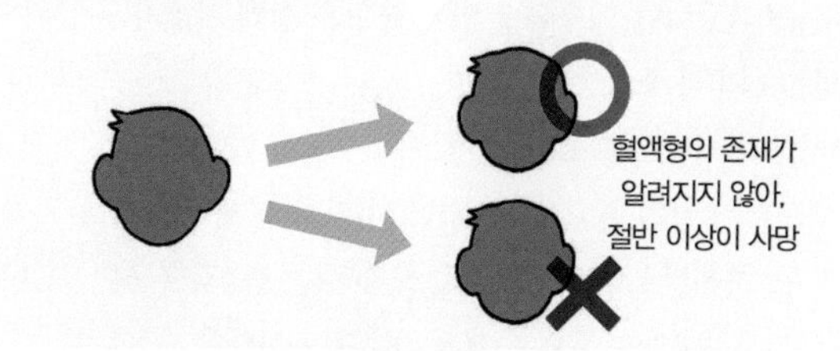


칼 란트슈타이너가 혈액형과 항응고제를 발견(1900년, 1914년)

# 수혈에는 어떤 종류가 있을까?

'필요한 물품을 필요한 만큼 보충한다.' 이 말은 물자 지원의 기본 원칙이다. 물론 물건이 모자라서도 안 되지만, 필요 없는 물건까지 가지고 있으면 마땅히 보관할 장소가 없어서 난처해질 뿐이며, 오히려 효과적인 물자 활용에도 방해가 된다.

수혈도 마찬가지다. 이미 여러 번 말했다시피 혈액에는 물, 혈구, 단백질, 전해질 등 다양한 성분이 들어있다. 수혈로 부족한 혈액 성분을 보충할 때, 전혀 필요하지 않은 성분까지 투여할 필요는 없다. 불필요한 성분이 부작용을 일으키는 원인이 될 수 있기 때문이다.

## ●전혈수혈

수혈은 시작 초기에는 전혈수혈 다시 말해, 건강한 사람의 혈액 자체를 투여했다. 큰 외상이나 대수술로 인한 출혈은 혈액 자체가 손실된다. 이런 경우 전혈을 신속하게 보충해야 한다.

다만, 지금의 개념으로 보면, 출혈 시에 수혈이 필요한 것은 적혈구로, 수분은 수액으로 충분히 공급할 수 있다. 따라서 현재 외상이나 외과수술로 수혈할 경우, 기본적으로 적혈구만을 보충하는 농축적혈구를 수혈하고, 부족한 수분은 생리식염수 등의 수액 주사로 보충한다.

## ●성분수혈

전혈수혈로 무슨 문제가 일어날 수 있는지 의아할 수 있다. 혈액을 그대

## 수혈의 종류

| 전혈수혈 |
| --- |
| 보존혈액 |
| 성분수혈 |
| 혈구성분 |
| 농축적혈구 |
| 세척적혈구 |
| 신선동결혈장 |
| 농축혈소판 |
| 혈장성분 |

## 수혈의 발전

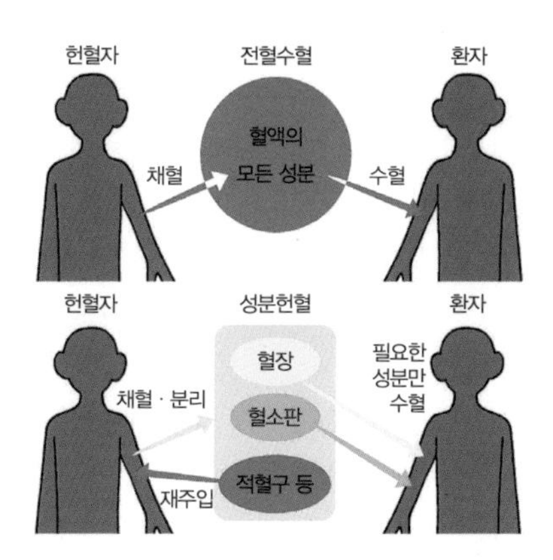


로 수혈하는 편이 번거롭지 않고 더 효율적으로 보이기도 한다. 그러나 수혈을 통해 불필요한 혈액 성분까지 투여하면 특정 성분 과잉으로 부작용을 초래할 수 있다. 또, 혈액에서 필요한 성분만 분리하고 나머지 혈액 성분은

헌혈자에게 되돌려주거나, 필요한 사람에게 수혈하는 방법이 더 효율적이다. 이런 이유로 현대의 수혈은 필요한 성분만 조절해서 수혈하는 **성분수혈**이 주류를 이루고 있다.

성분수혈의 종류는 크게 **혈구성분**과 **혈장성분**으로 나눌 수 있다. 혈구성분은 필요한 적혈구만을 보충하는 농축적혈구 수혈, 백혈구만을 보충하는 백혈구 수혈, 혈소판만을 보충하는 혈소판 수혈이 있다. 농축적혈구 수혈은 혈액에서 적혈구만을 분리하여 수혈하며 보통 빈혈 환자를 치료할 때 사용한다.

**백혈구 수혈**을 위해서는 특수한 장치로 헌혈자의 혈액에서 백혈구를 분리하고, 백혈구를 제외한 나머지 혈액 성분은 헌혈자에게 되돌려 준다. 백혈구 수혈은 항암 치료 등으로 심하게 백혈구가 감소하여 감염증에 걸린 환자에게 사용한다. 다만, 현재는 백혈구 수를 증가시키는 과립구집락자극인자라는 유용한 약물이 있어서 백혈구 수혈이 필요한 사례는 한정적이다.

**혈소판 수혈**은 혈액에서 혈소판만 분리하여 수혈한다. 지혈에 필요한 혈소판이 감소하여 출혈경향을 보이는 환자에게 시행한다. 혈액 속에 포함된 혈소판의 양 자체가 적기 때문에 혈소판 수혈에 사용할 혈소판제제는 헌혈자 10~20명의 혈액에서 분리하여 제조한다.

한편, 혈장 성분은 간 기능에 심각한 문제가 생긴 간염 환자에게 혈장 단백질 등의 보충이 필요할 때 투여한다. 혈구는 보존 기관과 유효 기간도 매우 짧지만, 혈장은 동결하면 비교적 오래 보관할 수 있다는 장점이 있다. 또, 혈장 성분에서도 알부민, 혈액응고인자 등 특정 성분만을 선별해서 수혈하기도 한다.

이와 같은 수혈 방법은 귀중한 혈액을 최대한 유용하고 안전하게 사용할 수 있는 방법이다.

## 수혈의 종류와 용도

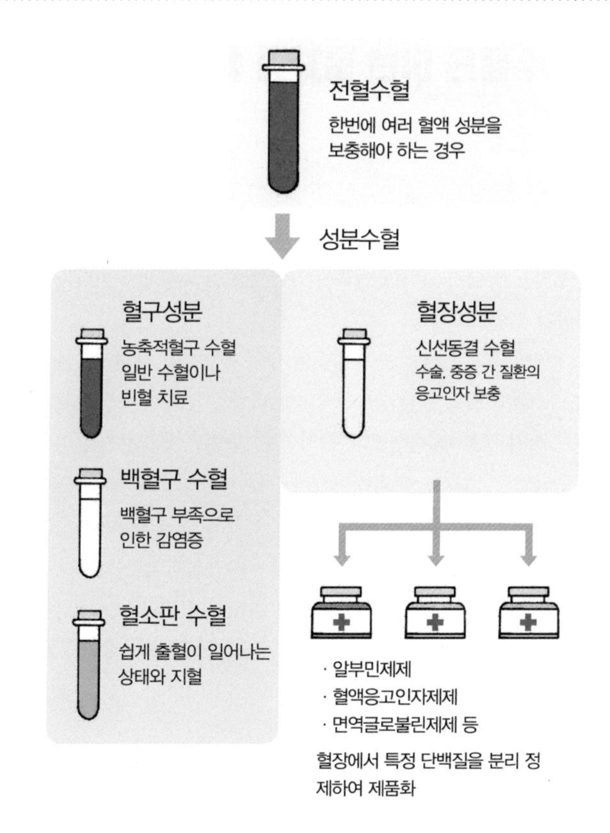
전혈수혈
한번에 여러 혈액 성분을
보충해야 하는 경우
성분수혈
혈구성분
농축적혈구 수혈
일반 수혈이나
빈혈 치료
백혈구 수혈
백혈구 부족으로
인한 감염증
혈소판 수혈
쉽게 출혈이 일어나는
상태와 지혈
혈장성분
신선동결 수혈
수술, 중증 간 질환의
응고인자 보충
· 알부민제제
· 혈액응고인자제제
· 면역글로불린제제 등
혈장에서 특정 단백질을 분리 정
제하여 제품화

# 수혈은 어떤 절차가 필요할까?

## ●헌혈

수혈은 혈액이 필요한 수혈자와 혈액을 제공하는 헌혈자가 있어야 성립한다. 수혈자는 출혈이 있거나 빈혈이 심한 환자를 대상으로 의사가 진단하여 결정한다.

문제는 헌혈자다. 예전에는 수혈자의 가족, 친인척을 대상으로 헌혈자를 모집했다. 수혈할 때도 수혈자와 헌혈자가 나란히 누워서 수액 튜브로 바로 수혈하는 '직접 수혈'을 시행했다. 하지만 이 방법은 필요한 만큼의 혈액을 충분히 수집할 수 없고 간염 바이러스의 감염 위험 등도 문제가 된다.

따라서 현재는 기본적으로 헌혈 제도를 통해서 혈액 제공자를 모집하고 있다. 즉, 타인을 위해서 기꺼이 본인의 혈액을 제공하려는 선의에 기대 혈액을 모으는 것이다. 길을 가다가 헌혈의 집에서 헌혈자를 모집하는 것을 본 적이 있을 것이다. 건강한 사람이라면 될 수 있으면 참여해보길 바란다.

## ●수혈까지의 과정

헌혈을 통해 수집한 혈액은 수혈의 목적에 따라서 사용할 준비를 시작한다. 사용 빈도가 가장 높은 농축 적혈구제제는 혈액형별로 분류한 뒤, 수혈이 필요한 병원에서 요청이 오면 혈액센터가 직접 공급한다. 혈소판은 채혈 후 2일 이내에 사용해야 하기 때문에 환자의 예약을 받아 혈액을 수집한다.

혈액센터에서 병원으로 운반된 혈액은 수혈 세트를 사용해서 수혈자에게 주입한다. 이 수혈 세트에는 필터가 장착돼 있어 혈액 속 여분의 성분을 걸러준다. 또한, 수혈에 의한 알레르기 반응 등, 부작용이 없는지 신중히 관찰해야 한다.

## 헌혈의 기준

| | | |
|---|---|---|
| 적혈구 | 【보존 온도】 2~6℃<br>【유효 기간】 채혈 후 21일 | 출혈 및 적혈구 부족 상태, 또는 적혈구 기능저하에 따른 산소결핍이 일어난 경우에 사용된다 |
| 혈장 | 【보존 온도】 −20℃이하<br>【유효 기간】 채혈 후 1년 | 여러 혈액응고인자의 결핍에 따른 출혈 또는 출혈경향이 있는 경우에 사용된다 |
| 혈소판 | 【보존 온도】 20~24℃<br>(흔들어 주면서 보관)<br>【유효 기간】 채혈 후 72시간 | 혈소판 수의 감소 또는 혈소판 기능 저하에 의한 출혈 또는 출혈경향이 있는 경우에 사용된다 |
| 전혈 | 【보존 온도】 2~6℃<br>【유효 기간】 채혈 후 21일 | 대량 출혈 등으로 모든 혈액 성분이 부족한 상태로 적혈구와 혈장을 동시에 보충할 필요가 있는 경우에 사용된다 |

## 혈액센터의 혈액수송차량

# 수혈은 안전할까? 수혈에 동반되는 부작용

**수혈**은 인명을 살리는 중요한 의료행위지만, **부작용**은 없는지 걱정되는 것도 사실이다. 어떤 의료기술이든 부작용은 있기 마련이다. 우리가 쉽게 사용하는 감기약만 해도 부작용 문제로 한번씩 논란이 될 때가 있다. 살아 있는 세포인 혈액을 수혈하는 행위도 물론 부작용이 따른다. 수혈은 위험을 최대한 피하면서 시행되어야 한다.

## ●노란 혈액

노란 혈액이 무엇인지 아는 사람은 거의 없을 것이다. 하지만 불과 50년 전만 해도 실제로 찾아볼 수 있었다.

1964년 에드윈 라이샤워 주일 미국 대사는 조현병을 앓던 청년이 휘두른 칼에 찔려 수혈이 필요했다. 그때는 헌혈 체계가 생기기 전으로 혈액을 사고파는 매혈이 성행했다. 라이샤워 대사의 수혈에도 돈을 주고 산 혈액이 사용되었다.

매혈에는 여러 가지 위험성이 있었다. 당시 오로지 금전적인 목적을 위해 혈액을 파는 사람들이 많았다. 건강한 사람의 혈액이라면 문제가 없겠지만, 가난에 허덕이다 보니 영양 섭취가 충분하지 못했고 병을 숨긴 채로 혈액을 팔 가능성도 있었다. 수혈로 인해 감염되는 대표적인 질병으로 간염이 있다. 간이 안 좋은 사람은 황달이 생겨 혈액이 노란색을 띠는데 '노란 혈액'이란 말은 바로 여기서 유래되었다.

피습 사건이 자칫 국제 문제로 번질 수도 있었지만, 일본과 친밀했던 라이샤워 대사는 오히려 '이번 일로 내 몸에 일본인의 피가 흐르게 됐다'라는 말로 수많은 일본인에게 찬사를 받았다. 하지만 불행히도 이 노란 혈액으로 간염에 걸리고 말았다.

이 사건을 계기로 일본에서는 매혈이 사라지게 되었고, 그 이후 헌혈 제도를 중심으로 수혈이 이루어지고 있다. 이처럼 의학과 의료 발전의 배경에는 누군가의 희생이 숨어있다.

## ●수혈에 따른 부작용

수혈로 혈액을 공급받는 수혈자도, 혈액을 제공하는 헌혈자도 전혀 부작용이 없다고는 할 수 없다. 수혈자가 겪는 부작용에는 혈액을 매개로 한 **감염증**과 **수혈에 따른 신체적 부담**이 있다.

혈액을 통해 감염증에 걸리는 경우는 병원체의 잠복 때문이며, 대표적인 감염증의 병원체로는 간염 바이러스, 에이즈 바이러스, 거대세포 바이러스 등이 있다. 바이러스뿐만 아니라 매독균, 말라리아 원충 등에 노출될 수도 있다. 헌혈 체계가 잘 갖춰진 지금은 이런 감염증을 막기 위해 사전 검사를 거치고 안전한 혈액만 수혈한다. 다만, 검사를 마쳤어도 미지의 병원체가 존재할 가능성은 남아 있다. 이런 면에서는 완전히 무방비 상태라고도 볼 수 있다. 따라서 수혈은 꼭 필요한 경우에만 시행해야 한다.

### 수혈에 따른 부작용

| 용혈(부적합수혈에 의한 적혈구 파괴) |
| --- |
| 알레르기반응 |
| 구연산중독 |
| 감염증 |
| 이식편대숙주반응 |

또, 혈액이 한꺼번에 대량으로 수혈되면, 심장이나 신장에 부담을 줄 수 있다. 따라서 수혈자의 체력을 고려하여 소량씩 천천히 혈액을 주입하는 것이 바람직하다. 심각한 빈혈 등으로 오랜 기간 수혈을 받으면 혈액에 포함된 철이 필요 이상으로 주입되는 부작용도 있을 수 있다.

한편, 헌혈자의 경우 몸에서 한번에 200~400㎖의 혈액이 빠져나간다. 이 양은 사고를 당해 급격한 출혈이 발생하는 것과 비슷한 양이다. 건강한 성인이라면 이 정도 출혈은 문제가 되지 않고 회복된다. 하지만 혈압이 낮거나 원래 빈혈이 있는 사람이라면 헌혈 후에 쓰러질 수 있다. 또, 아무리 건강한 사람이라도 단기간에 자주 헌혈한다면, 머지않아 빈혈이 발생할 가능성이 있다.

헌혈이란 어디까지나 선의로 하는 행동이다. 본인의 건강을 해치지 않도록 사전에 몸 상태를 확인하고 헌혈하길 권한다.

**용혈된 혈액의 모습(오른쪽 끝). 시간이 지나도 적혈구가 가라앉지 않고 투명한 상태를 유지한다**

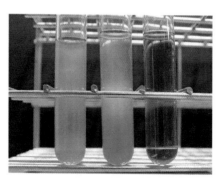

(출처 : http://upload. wikimedia.org/wikipedia/ commons/7/7f/ Hemolysis.jpg)

## 수혈에 따른 부작용과 위험

### 수혈자가 겪는 부작용

발열, 가려움, 어지러움 같은 알레르기 반응

바이러스, 세균, 기생충 등에 의한 감염증

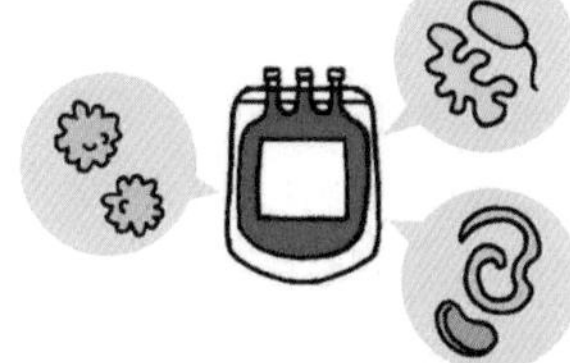

용혈
(항체반응에 의한 적혈구 파괴)

심장 부하 등의 혈액순환장애

### 헌혈자가 겪는 부작용

저혈압, 빈혈 징후가 있는 사람은 혈액 소실로 인해 쓰러질 가능성이 큼

혈관미주신경반사에 의한 컨디션 난조, 실신

채혈로 인한 피하출혈

# 자가수혈이란 무엇일까?

본인의 혈액을 수혈해서 병을 고친다는 발상은 실험실에서 할 법한 생각처럼 느껴진다. 과연 실현 가능한 일일까?

사실 이런 수혈은 현실에 존재한다. 본인의 혈액이기 때문에 타인의 감염증이 옮을 위험도 없고, 특수 혈액형을 가진 경우, 수혈로 모을 수 있는 한정된 혈액량의 문제 또한 해결할 수 있다.

## ● 자가수혈이란?

부상 등으로 응급수술이 필요하다면 헌혈된 혈액을 수혈한다. 하지만 무릎관절 같은 인공관절 수술 등은 수술 일정을 미리 정해놓고 시행한다. 꼭 필요한 수술은 맞지만, 응급 상태는 아닌 경우의 수술을 대기수술이라 부른다. 시기를 봐서 진행하는 수술을 의미한다. 대기수술은 수술 전에 환자의 건강 상태를 면밀하게 살펴볼 수가 있다.

이런 장점을 살려서 수술 전 준비 기간에 환자 본인의 혈액을 채취하여 보존해 둔다. 이를 위해서는 전용 혈액백과 혈액 보관용 냉장고가 필요하지만, 수혈에 동반되는 부작용의 위험을 생각한다면 그다지 큰 비용은 아니다. 때에 따라서는 적혈구형성호르몬제인 에리트로포이에틴을 주사하여 적혈구 수를 증가시킨 후 채혈하기도 한다. 그 외에도 수술 직전에 채혈하거나 수술 중에 몸 밖으로 유출된 혈액을 모으는 방법도 있다.

미리 준비해둔 혈액을 수술 중이나 수술 후에 필요한 단계에서 환자에게 투여한다. 이것을 **자가수혈**이라 부른다. 이 방법을 사용하면 바이러스 등에 감염될 우려가 없다. 또, 수익자 부담의 개념에도 부합하며, 헌혈자가

적은 경우에도 대응할 수 있다.

## ●자가수혈의 단점

하지만 모든 일이 생각대로 흘러가지만은 않는다. 자가수혈에도 문제는 있다. 대기수술은 청년층보다 노년층에서 많이 받는 수술이다. 또, 고령자 중 빈혈이 있거나 심장질환을 앓고 있는 경우 사전에 혈액을 채취하는 것에 제약이 있을 수 있다. 혈액 보존 기술이 발전했다고는 해도 혈액을 보존하는 동안 변질이나 오염의 우려에서 자유롭다고 장담할 수 없다.

자가수혈은 안전하고 효과적인 수혈법이지만 모든 의료적 처치는 신중하게 시행해야 한다.

### 실제 자가수혈의 시행

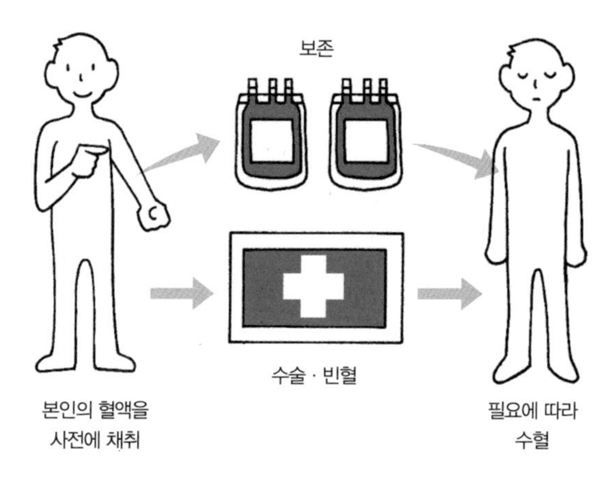

# 골수이식으로 난치병을 치료한다?

어떤 의미에서 골수이식은 특수한 수혈이라고도 할 수 있다. 모든 혈구는 골수 안에 있는 **조혈모세포**가 만들어진다(제4장-3). 혈구를 생성하는 조혈모세포 자체를 수혈해 몸에서 혈구가 생산되도록 하는 치료법이 **골수이식**이다. 이는 조혈모세포의 이상으로 발생하는 재생불량빈혈이나 백혈병, 중증 면역부전 등에 시행된다.

조혈모세포는 골수뿐 아니라 말초혈액, 제대혈(아기의 탯줄에 흐르는 혈액)에도 들어있어서 이 부분을 수혈하기도 한다. 조혈모세포를 수혈하는 방법 모두를 통틀어 **조혈모세포이식**이라 부른다.

## ●골수이식 방법

장기이식이라면 대부분은 심장 이식이나 간 이식 같은 대수술을 떠올리기 쉽다. 이런 장기이식은 전문적인 수련을 거친 외과 의사가 담당한다. 환자의 장기를 꺼낸 뒤 새로운 장기를 이식하려면 탁월한 손 기술이 필요하며, 복잡한 혈관을 봉합하는 것 또한 고도의 기술이 요구된다.

이에 비해 골수이식에 필요한 손 기술은 그렇게 복잡한 수준은 아니다. 실제로 골수이식은 외과 의사가 아니라 평소에 메스를 쥘 일이 거의 없는 내과 의사가 담당한다. 골수이식에 필요한 세포의 양은 환자 체중(*kg*) 당 2~3억 개로 알려져 있으며, 실제로 성인의 경우 500~1,500*ml* 정도의 골수액이 필요하다. 골수 채취를 위해서는 골수 제공자의 허리뼈에 바늘을 찔러 넣어 주사기로 골수액을 채취한다. 한 군데에서 채취하는 양으로는 부족하기 때문에 해서 열 군데 이상을 바늘로 찔러 골수액을 모은다. 이때는 골수 제공자가 통증을 느끼지 않도록 마취를 한 후에 채취한다. 채취한 골수액은 필터로 걸러 수혈용 팩에 모으고, 환자에게 정맥주사로 주입한다.

이렇게 적어 놓으면 간단해 보이지만, 그렇지 않다. 골수이식에서 중요한 것은 이식 전후의 처치로 다른 장기이식 이상으로 어려운 부분이 있다.

## 골수이식의 과정

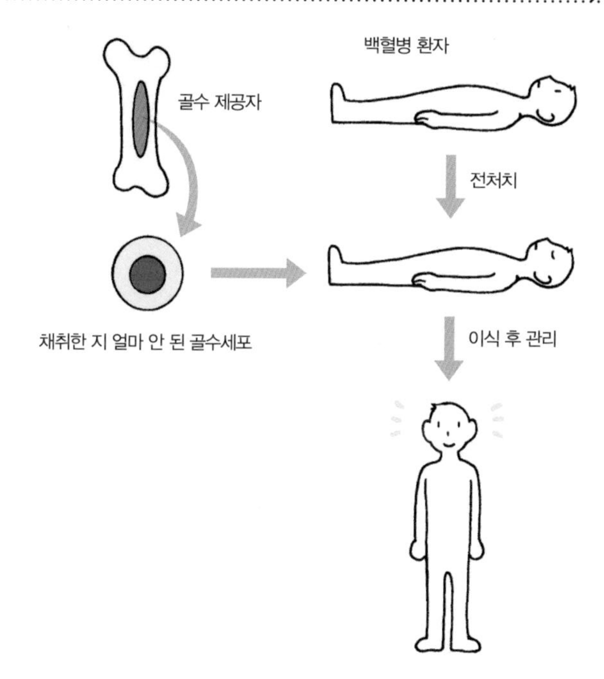

## ● 무균실

골수이식을 위해서는 제 기능을 하지 못하는 환자의 조혈모세포를 완전히 제거하고 그 자리에 건강한 골수를 새로 이식해야 한다. 언뜻 간단한 처치로 보이겠지만, 맨 먼저 환자의 조혈모세포를 깨끗이 제거해야만 이식을 진행할 수가 있다.

다음으로 환자 전신에 방사선을 조사하거나, 고용량의 항암제를 투여한다. 이로 인해 환자는 식욕을 잃고 체내 면역력도 떨어진다. 건강한 사람에게는 대수롭지 않은 약한 세균, 바이러스에도 쉽게 감염되어 목숨을 잃을 정도로 면역력이 약해진다. 이런 위험을 예방하기 위해서 우주선과 비슷한 환경의 무균실에 입실하여 멸균 처리된 음식만 섭취한다. 철저하게 외부와 분리하여 병원체의 접근을 차단한다.

이식 후에는 뒤에서 설명할 부작용이 발생할 위험이 있어 완전히 회복할 때까지 무균실에서 지낸다. 체내 조혈모세포가 증식하여 혈구가 정상 수치를 회복할 때까지 기다린다.

## ● 이식편대숙주반응

보통 장기이식에서는 고도의 이식 기술이 필요하다는 점 외에도 이식 후에 일어날 수 있는 거부반응을 걱정한다. 이는 우리 몸의 면역계가 어렵사리 이식한 장기를 적으로 간주해 공격하면서 발생하는 현상이다. 거부반응을 막기 위해서 면역계가 작동하지 않도록 면역을 억제하는 약물을 사용한다. 이런 노력에도 거부반응이 통제되지 않거나, 면역계를 억제하여 중증 감염증에 걸리거나, 암이 발병할 위험도 있다.

골수이식 후에도 거부반응이 나타날 수 있다. 그러나 장기이식과는 반응이 조금 다르다. 이식된 골수 안에는 림프구가 있어서 환자를 적으로 여겨 공격하는 경우가 있다. 이런 현상을 이식된 장기(이식편)가 환자(숙주)를 상대로 공격한다고 해서 **이식편대숙주반응**이라고 부른다.

이식편대숙주반응이 일어나면 전신의 피부에 심각한 염증이 나타나고, 위장관에 문제가 생겨 심한 설사를 한다. 더 심각한 경우에는 간 기능이 손상되기도 한다. 이 이식편대숙주병은 증상이 위중하면 죽음에 이를 수도 있다.

이식편대숙주반응을 예방하려면 환자의 조직과 골수 제공자의 조직이 매우 흡사해 이식된 골수가 환자를 적으로 인식하지 않도록 해야 한다. 그러기 위해서 환자는 인간백혈구항원(HLA)이라 부르는 백혈구 유형이 가장 적합한 사람에게 골수를 이식받아야 한다. HLA는 유형(**P.180표**)이 복잡해서 일란성 쌍둥이는 서로 100% 일치하지만, 그 외의 형제는 일치할 확률이 1/4일이다. 혈연관계가 아닌 보통 사람과 유형이 일치할 확률은 500~10만 명에 1명일 정도로 낮아서 HLA가 일치하는 골수 찾기에 엄청난 노력이 필요하다.

오늘날에는 저출산으로 형제 수가 적어서 형제의 골수를 이식받는 사례는 줄어들었다. 일본은 이런 상황에 대응하기 위해 일본골수이식재단을 설립하고, 기증자 등록을 통해서 골수이식이 성사되도록 체계화하고 있다.

## 조혈모세포이식으로 면역력이 저하된 환자는 무균실에서 관리받는다

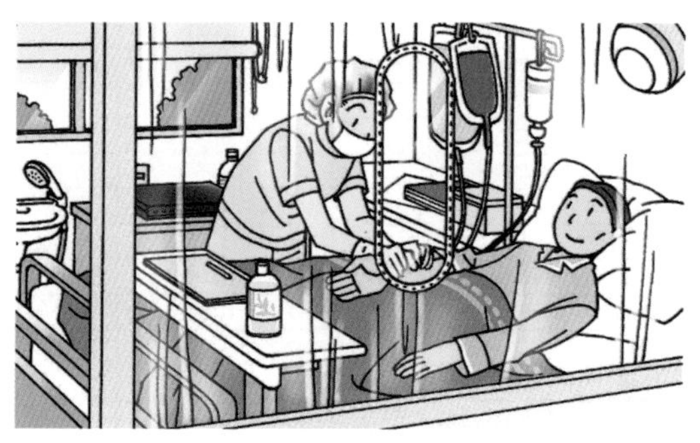

## 골수이식이 효과가 있는 질병

| 재생불량빈혈 | 백혈병 |
|---|---|
| 선천성 면역부전 | 선천성 대사이상 |

## 다양한 HLA형

| A형 | B형 | | C형 | D형 | DR형 | DQ형 | DP형 |
|---|---|---|---|---|---|---|---|
| A1 | B5 | B50(21) | Cw1 | Dw1 | DR1 | DQ1 | DPw1 |
| A2 | B7 | B51(5) | Cw2 | Dw2 | DR103 | DQ2 | DPw2 |
| A203 | B703 | B5102 | Cw3 | Dw3 | DR2 | DQ3 | DPw3 |
| A210 | B8 | B5103 | Cw4 | Dw4 | DR3 | DQ4 | DPw4 |
| A3 | B12 | B52(5) | Cw5 | Dw5 | DR4 | DQ5(1) | DPw5 |
| A9 | B13 | B53 | Cw6 | Dw6 | DR5 | DQ6(1) | DPw6 |
| A10 | B14 | B54(22) | Cw7 | Dw7 | DR6 | DQ7(3) | |
| A11 | B15 | B55(22) | Cw8 | Dw8 | DR7 | DQ8(3) | |
| A19 | B16 | B56(22) | Cw9(w3) | Dw9 | DR8 | DQ9(3) | |
| A23(9) | B17 | B57(17) | Cw10(w3) | Dw10 | DR9 | | |
| A24(9) | B18 | B58(17) | | Dw11(w7) | DR10 | | |
| A2403 | B21 | B59 | | Dw12 | DR11(5) | | |
| A25(10) | B22 | B60(40) | | Dw13 | DR12(5) | | |
| A26(10) | B27 | B61(40) | | Dw14 | DR13(6) | | |
| A28 | B35 | B62(15) | | Dw15 | DR14(6) | | |
| A29(19) | B37 | B63(15) | | Dw16 | DR1403 | | |
| A30(19) | B38(16) | B64(14) | | Dw17(w7) | DR1404 | | |
| A31(19) | B39(16) | B65(14) | | Dw18(w6) | DR15(2) | | |
| A32(19) | B3901 | B67 | | Dw19(w6) | DR16(2) | | |
| A33(19) | B3902 | B70 | | Dw20 | DR17(3) | | |
| A34(10) | B40 | B71(70) | | Dw21 | DR18(3) | | |
| A36 | B4005 | B72(70) | | Dw22 | | | |
| A43 | B41 | B73 | | Dw23 | DR51 | | |
| A66(10) | B42 | B75(15) | | Dw24 | DR52 | | |
| A68(28) | B44(12) | B76(15) | | Dw25 | DR53 | | |
| A69(28) | B45(12) | B77(15) | | Dw26 | | | |
| A79(19) | B46 | B7801 | | | | | |
| | B47 | | | | | | |
| | B48 | Bw4 | | | | | |
| | B49(21) | Bw6 | | | | | |

# 진화를 거듭하는 최신 혈액 연구

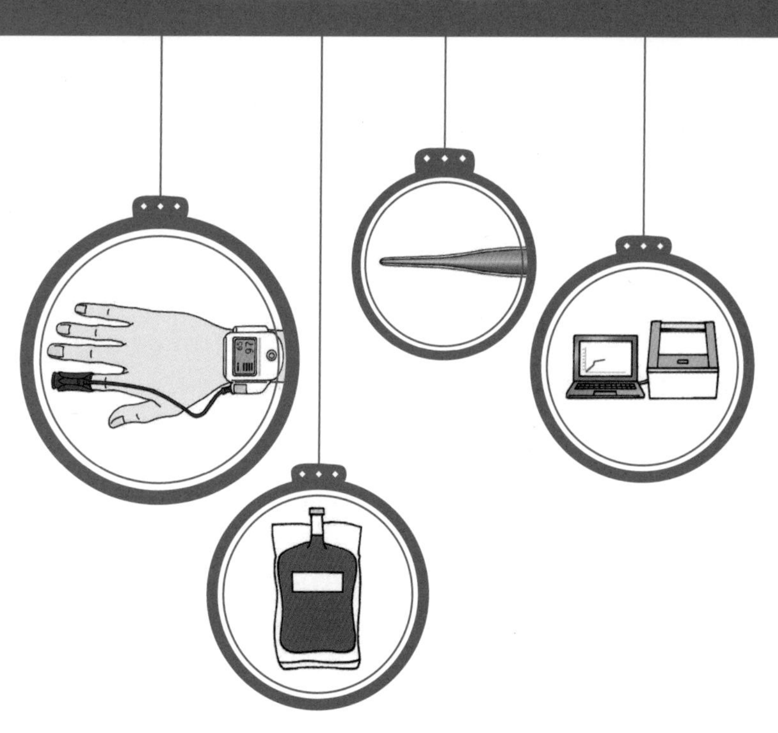

# 극미량의 혈액으로 이루어지는 혈액검사

혈액검사를 하려면 아무리 적어도 수 *ml* 정도는 **채혈**해야 한다. 이런 점 때문에 검사를 기피하는 사람도 많을 것이다. 아주 소량의 혈액을 아프지 않게 채혈할 수 있다면 누구나 검사를 환영할 것이다. 이런 바람에 응답하듯이 의료 기술 개발 연구는 계속 되고 있다.

## ●검사에 필요한 혈액량

지금은 거의 모든 검사를 기계로 분석한다. 검사 항목에 따라서 차이는 있지만, 예를 들어서 간 기능을 알아보는 AST, ALT 같은 산소 측정 검사는 단 몇 *μl*(1*μl*=1,000분의 1*ml*) 정도의 혈액만 있어도 결과를 알 수 있다. 설령 검사 항목이 수십 개더라도 1*ml* 정도의 **혈청**만 있다면 모두 검사할 수가 있다. 다만, 여기서 짚고 넘어가야 할 점은 혈청 단 1*ml*를 모으기 위해 혈액 수 *ml*가 필요하다는 사실이다. 혈청은 혈액을 **원심분리**해야 얻을 수 있기 때문이다. 게다가 원심분리하는 과정에서 혈청이 손실된다. 또, 검사를 받았어도 만에 하나 예상을 벗어나는 결과가 나왔다면. 재검사를 해야 한다. 이때를 대비해 여분의 혈액도 확보해 두어야 한다. 위와 같은 이유로 1번 검사를 받는 데는 수*ml*의 혈액이 있어야 한다. 정확한 검사에 필요한 최소한의 혈액량이다.

## 원심분리기의 사용

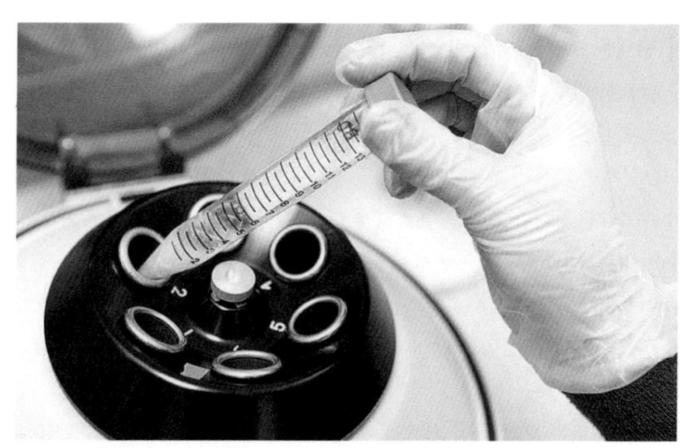

©Monkey Business–Fotolia.com

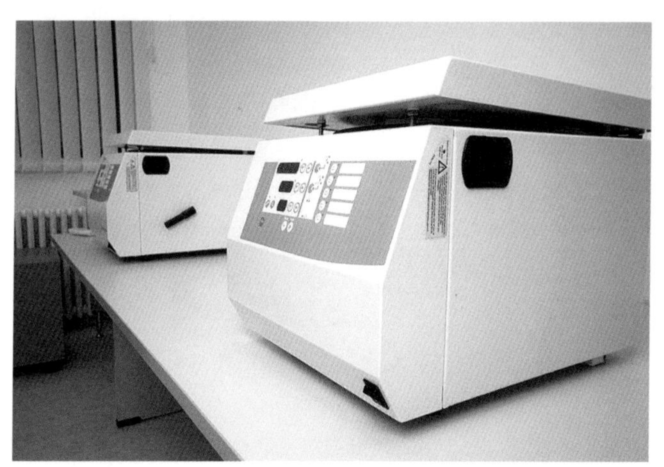

©Dragan Trifunovic-Fotolia.com

### ●통증 없이 채혈할 수는 없을까?

현재 사용하는 채혈법은 **주삿바늘**을 정맥(특수한 검사는 동맥)에 꽂아서 혈액을 모으는 방법이다. 또, 주삿바늘이 가늘어졌고 확실하게 채혈할 수 있도록 발전해 왔다. 그 덕분에 채혈할 때 통증도 예전에 비해 확연히 감소했다.

그렇지만 주삿바늘이 피부를 뚫고 들어오는 순간의 통증은 여전히 해결할 수 없다. 최대한 가늘고 예리하게 만든 주삿바늘을 사용한다고 해도 통증은 여전하다. 그런데 피부에 바늘이 꽂히는 것은 똑같은데 모기에게 물릴 때 아픔을 느끼는 사람은 거의 없다. 물린 곳이 가렵기 시작하면 그제야 모기에게 물렸다는 것을 깨닫는다. 왜 똑같은 바늘인데 모기의 침은 아프지 않을까?

그 이유로는 모기의 침 자체가 굉장히 가늘다는 점과 모기가 내뿜은 분비물에 마비 효과가 있을 가능성이 있기 때문이다. 그렇다면 모기의 침을 본뜬 채혈 방법은 없을까? 이와 관련된 연구도 이미 진행 중이다.

지금까지 개발된 가장 가느다란 바늘은 33게이지(바늘의 굵기를 나타내는 단위)로, 외경이 겨우 0.2㎜에 불과하다. 이 바늘을 필자가 직접 팔에 찔러 본 결과 피부를 찌르는 느낌이 전혀 들지 않았다. 현재는 채혈보다는 하루에도 몇 번씩 인슐린을 주사해야 하는 당뇨병 환자에게 사용된다. 이런 기술 혁신이 계속된다면 가까운 미래에 아픔 없이 혈액검사를 받는 날이 올 것이다.

## 아프지 않은 바늘 

기존 바늘의 구조

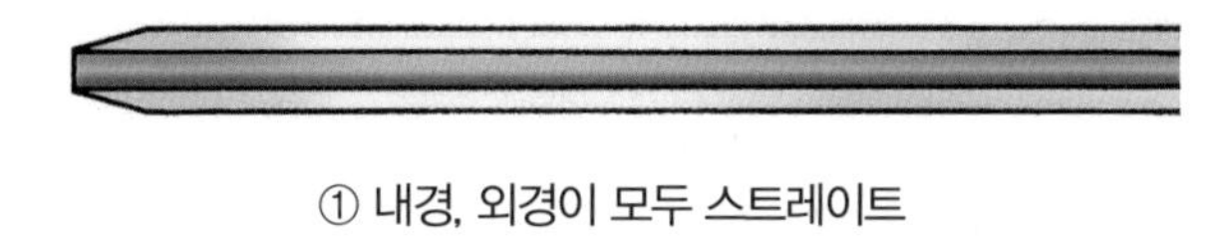

① 내경, 외경이 모두 스트레이트

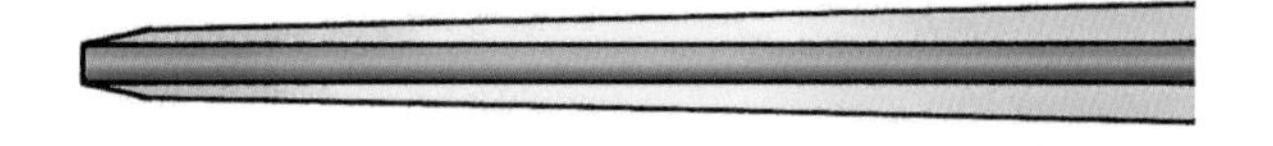

② 외경 테이퍼, 내경 스트레이트

*테이퍼란, 바늘 뿌리에서 끝으로 갈수록 가늘어지는 형태

외경, 내경 모두 테이퍼 형태인 이중 테이퍼 구조

'나노패스33'

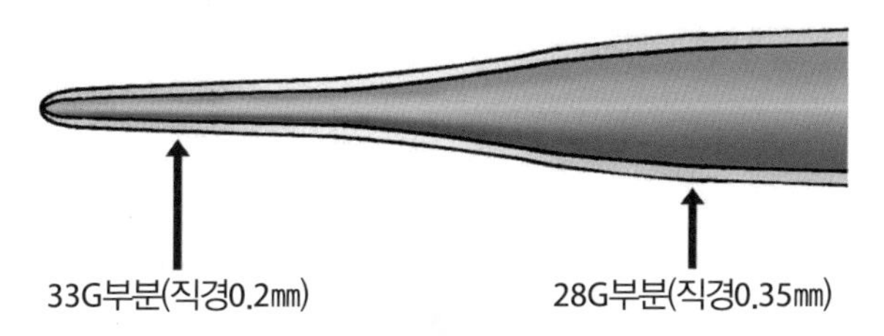


바늘을 가늘게 만들기만 하면, 주사기 내부 통로가 주사액으로 막히거나, 주입압력이 높아져서 통증이 커지는 경우가 생기지만, 외경뿐 아니라 내경도 테이퍼 구조로 만들어 문제를 해결했다

# 혈액을 채취하지 않아도 검사가 가능할까?

통증 없이도 적절한 혈액검사를 받을 수 없을까? 이 명제는 채혈 없는 혈액검사가 가능할지에 관한 질문이다.

지금은 지갑 없이도 물건을 살 수 있는 시대다. 이런 시대에 혈액 채취 없이 진행할 수 있는 검사가 있지 않을까 생각하는 사람도 분명 있을 것이다. 사실 채혈 대신에 신체 표면을 이용한 검사를 시도하고 있다.

## ●혈중 산소포화도를 확인하는 맥박 산소포화도 측정기

만성기관지염이나 폐기종과 같은 폐질환을 앓으면, 공기 중의 산소를 폐로 충분히 흡입하지 못해 신체 조직으로 산소를 제대로 공급하지 못한다. 따라서 숨이 가쁘고 호흡하기가 힘들어진다. 편안하게 일상생활을 하려면, 흡수하는 산소의 양이 늘어나야 한다. 그래서 치료를 위해 산소통을 휴대하며 끊임없이 조직에 산소를 보낸다.

이때 혈중 산소 농도가 중요한 열쇠다. 산소 농도가 낮으면, 산소통에서 내보내는 산소를 늘려야 하고, 반대로 너무 높으면 산소 공급량을 줄여야 한다. 산소가 너무 많아도 몸에 해로울 수 있기 때문이다.

폐질환으로 만성적인 호흡 곤란을 겪는 사람은 혈중 산소 농도를 확인할 필요가 있다. 물론 혈액을 채혈해 검사하는 방법이 가장 정확하지만 그렇다고 쉼 없이 계속되는 호흡 상태를 파악하기 위해서 매번 혈액을 채취할 수는 없는 노릇이다. 여기서 등장하는 것이 혈액 채취 없이도 피부 위에서 혈중 산소포화도를 재는 방법이다. 이 방법이라면 부담 없이 편하게 검사할 수 있다.

피부 표면에 커다란 손목시계같이 생긴 기기가 산소포화도를 측정하는 **맥박 산소포화도 측정기**이다(**아래 그림**). 이 장치는 적색광과 적외광을 비추어 센서로 혈중 헤모글로빈과 산소의 결합 상태를 파악한다. 맥박 산소포화도 측정기는 폐질환뿐 아니라 수면 중 호흡이 일시적으로 멈추는 수면무호흡증후군을 진단할 때도 사용된다.

이런 채혈 없는 검사를 헤모글로빈 농도, 중성지방 검사, 당뇨 등에도 적용하려는 움직임이 있다. '혈액을 채취하지 않아도 되는 혈액검사'는 이제 더 이상 꿈이 아니라 현실이 되고 있다.

**맥박 산소포화도 측정기(Pulse Oximeter)**

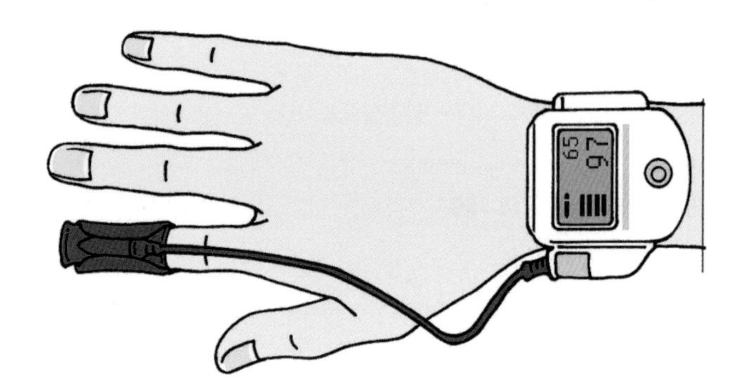

# 앞으로 인공혈액의 탄생을 기대할 수 있을까?

수혈은 굉장히 중요한 의료 수단이다. 하지만 앞에서도 말했듯이 바이러스 등에 감염될 위험성이 전혀 없다고 단언할 수 없다. 또, 인구 고령화의 영향인지 모르겠지만, 헌혈자 수가 감소 추세를 보이는 것이 현실이다. 실제로 일본은 1995년에 약 630만 명이었던 헌혈자 수가 2008년에는 약 508만 명으로 줄었다. 앞으로 만성적인 헌혈 부족이 지속될 것이라는 우려가 있다.

과학이 이토록 발전한 시대에 **인공혈액**을 만들 수는 없을까?

## ● 계속되는 인공혈액 개발

혈액 성분 중에서 가장 많이 수혈되는 성분은 **적혈구**다. 산소를 운반해야 하는 중대한 사명이 있기 때문이다. 그렇다면 이 **헤모글로빈**을 인공적으로 만들어낸다면 수혈을 대체할 수 있지 않을까?

헌혈된 혈액 중 유효 기간이 지나 쓸 수 없게 된 혈액에서 헤모글로빈을 추출해 사용하는 방법이 있다. 우선 헤모글로빈을 직경 약 200㎛(1㎛=10억분의 1m)의 미세한 캡슐 안에 넣는다. 물론 제조 과정에서 바이러스 등을 완전히 제거한다. 이렇게 만든 헤모글로빈은 혈액형에 상관없이 사용할 수 있으며, 헌혈된 혈액은 통상 3주 안에 사용해야 하는 것에 비해 최장 1년 동안 보존 가능하다는 장점이 있다.

이 밖에도 신체 내 모든 세포와 조직을 만들어내는 배아줄기세포(**ES세포**)로 혈액세포를 생성하는 연구도 진행 중이다.

## 다양한 인공혈액을 연구하고 있다

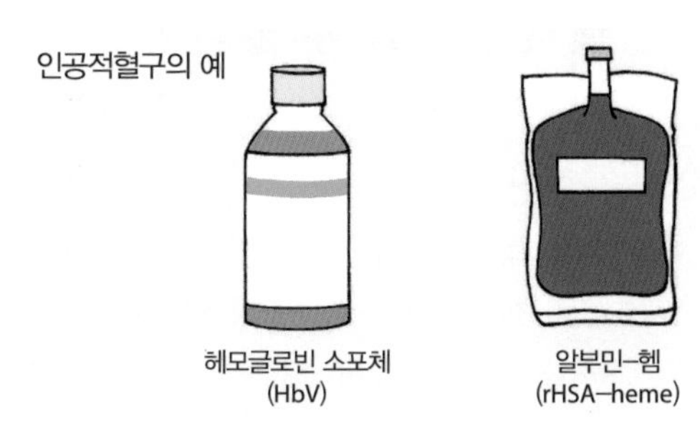


## 헤모글로빈 성분을 추출하여 장기 보존하려는 시도도 있다

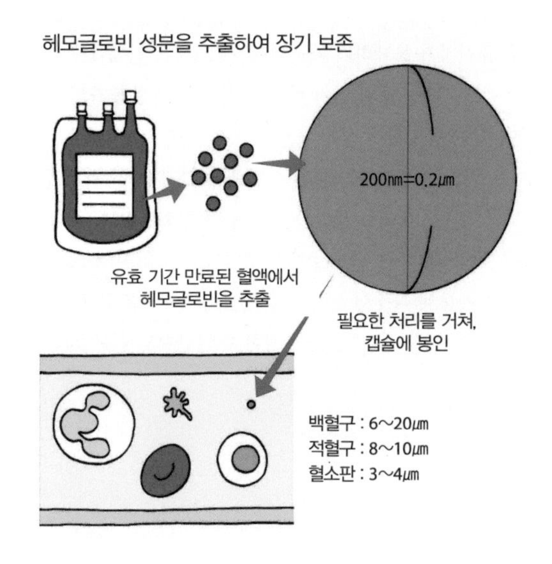

# 술에 강한지 약한지를 혈액으로 알 수 있다?

**알코올**에 아주 강한 사람이 있는 반면에 술은 입에도 못 대는 사람이 있다. 또, 같은 약을 먹었는데 금방 효과가 나타나는 사람이 있는가 하면 별 효과가 없는 사람도 있다. 어떻게 이런 일이 가능할까?

인간의 얼굴 생김새는 본래 가지고 태어난 유전자에 영향을 받는다. 자라온 환경의 영향도 있겠지만 누가 봐도 부모 자식 사이인 것을 알 수 있을 만큼 서로 꼭 닮은 사람들이 많다. 같은 가족끼리 중 유독 당뇨병이나 고혈압 환자가 많은 사례도 마찬가지다.

이런 일이 생기는 것은 사람의 외모나 당질 등, 대사에 필요한 산소의 기능까지 모두 유전자가 통제하기 때문이다. 세포의 핵 안에 있는 데옥시리보핵산(DNA) 속 약 30억 개의 염기 배열 순서에 따라 유전자의 특성이 결정된다. 인간이 갖는 동일한 특성은 또한 공통의 유전자가 만든다. 예를 들어 헤모글로빈을 만드는 유전자는 모든 사람에게 있지만, 그 유전자에 변이가 있다면 헤모글로빈을 제대로 생성하지 못해 빈혈이 생긴다.

그런데 이 30억 개의 염기는 1,000개 중 1개 정도의 비율로 개인차가 있다. 바로 이 점 때문에 특정한 질병에 취약하다거나 똑같은 약을 먹어도 차도가 없는 등의 차이가 생긴다. 술에 강한지 약한지도 아주 작은 유전자의 차이가 결정한다.

## ●30분 만에 끝나는 유전자 진단

이런 본인의 유전적 특성을 알면 약을 사용할 때도 개개인에게 맞는 약을 선택할 수 있다. 한 사람을 위해 제작한 **맞춤옷이 기성복**보다 잘 맞듯이 마찬가지로 각자에게 맞는 치료법을 선택하면 효과는 올라가고 부작용은 줄어든다.

유전자를 검사하려면 약 30억 개나 되는 염기서열을 모두 조사해야 한다. 상당한 시간이 걸리는 작업이다. 하지만 검사할 유전자를 대량으로 복제하면, 아주 짧은 시간 안에 검사를 마칠 수 있다. 이런 유전자 검사 방법인 SMAP법 등이 개발되어 단 30분 만에 정확성이 높은 유전자 진단이 가능하다. 이런 진단을 활용한다면 대학 신입생 환영회에서 급성 알코올 중독으로 사망하는 등의 안타까운 사고는 사라질 것이다.

### 의료에도 맞춤 제작이 필요하다

같은 질환을 앓는 사람들

유전자 검사를 통해 환자의 각자 유형에
맞게 치료법을 선택

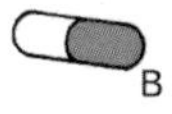

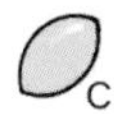

치료 효과를 관찰하며 시행착오를 거칠 필요 없이 바로 부작용 확인과 투약량 결정이 가능함

## 유전자 진단 과정

한 방울의 혈액으로 유전자 진단이 가능한 'SMAP법'
(SMart Amplification Process)

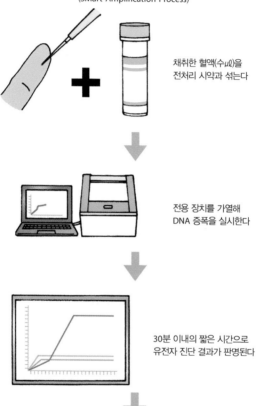

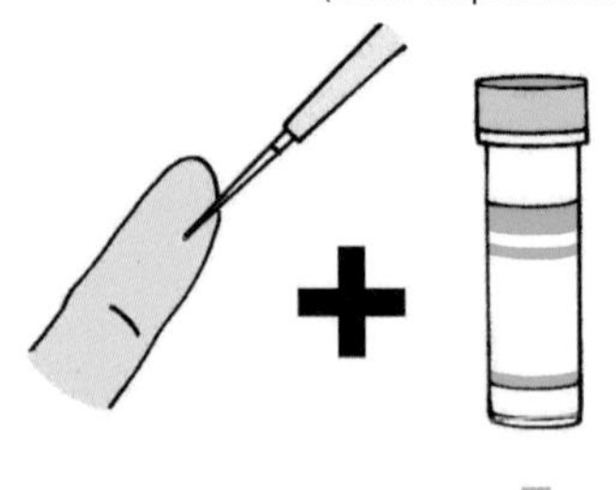

채취한 혈액(수㎕)을
전처리 시약과 섞는다

전용 장치를 가열해
DNA 증폭을 실시한다

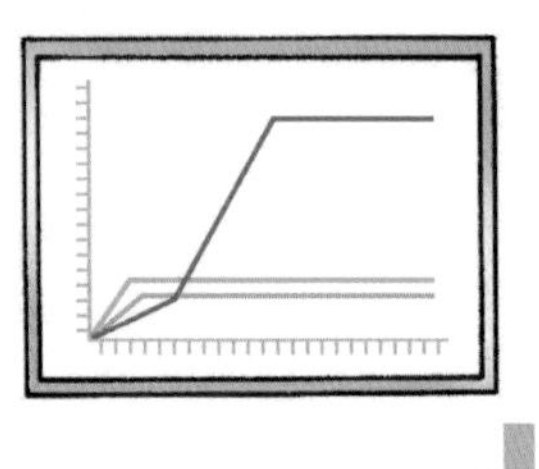

30분 이내의 짧은 시간으로
유전자 진단 결과가 판명된다

유전자 정보를 토대로 최적의 치료법을 제공한다

## 부록1 도해 / 혈관의 구조

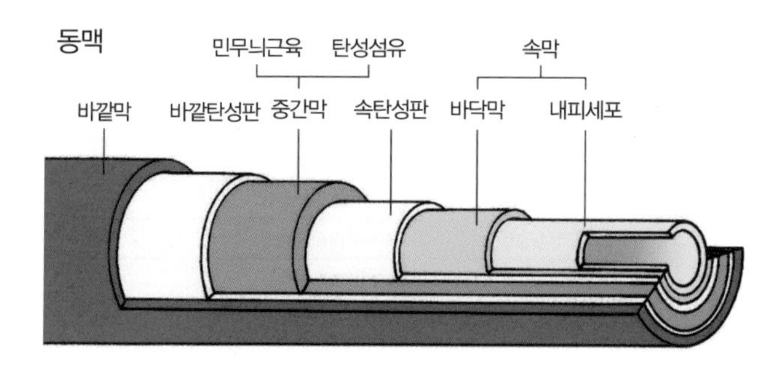
동맥
민무늬근육
탄성섬유
속막
바깥막
바깥탄성판
중간막
속탄성판
바닥막
내피세포

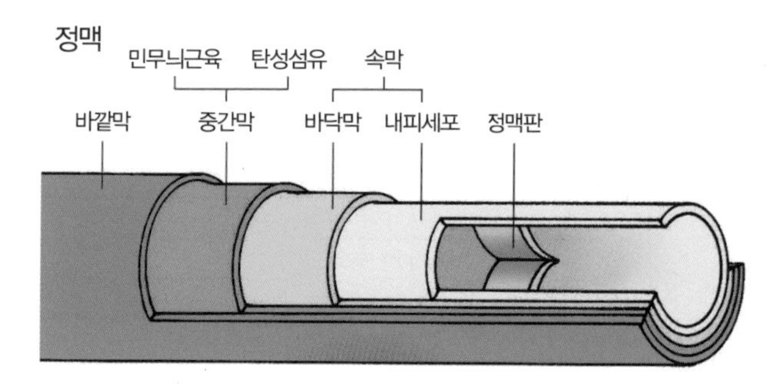
정맥
민무늬근육
탄성섬유
속막
바깥막
중간막
바닥막
내피세포
정맥판

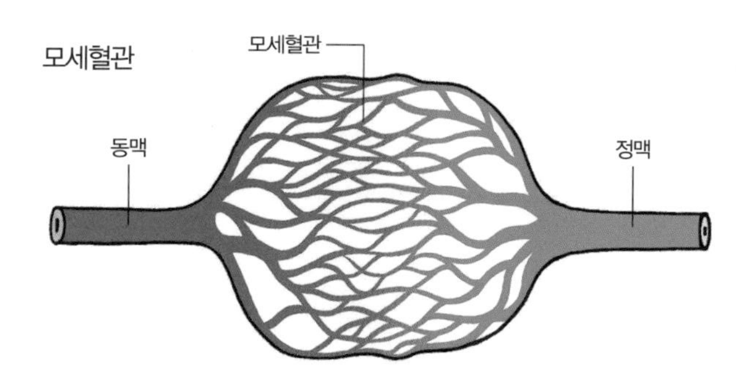
모세혈관
모세혈관
동맥
정맥

## 부록2 건강검진 / 검사치 보는 법(최신판)

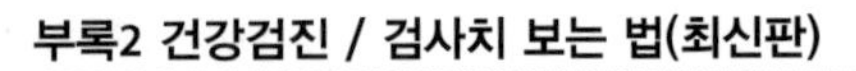

| 검사항목 | | 참고치 |
|---|---|---|
| 신체계측 | 신장<br>체중 | BMI18.5 ~ 25미만<br>[체중(kg)÷신장(m)÷신장(m)] |
| 혈압 | 수축기혈압 | 130mmHg미만 |
| | 이완기혈압 | 85mmHg미만 |
| 지질대사 | 총콜레스테롤 | 120~220mg/dL |
| | HDL콜레스테롤 | 40~70mg/dL |
| | LDL콜레스테롤 | 70~139mh/dL |
| | 중성지방 | 50~149mg/dL |
| 혈액 | 적혈구 수 | 남성 410만 ~ 530만 개/μL |
| | | 여성 380만 ~ 480만 개/μL |
| | 헤모글로빈 | 남성 14~18g/dL |
| | | 여성 12~16g/dL |
| | 적혈구용적률 | 남성 40~50% |
| | | 여성 35~45% |
| | 백혈구 수 | 4000~9000개/μL |
| | 혈소판 수 | 15만~40만 개/μL |
| | MCV | 84~99fL |
| | MCH | 26~32pg |
| | MCHC | 32~36g/dL |
| 당대사 | 공복혈당 | 70~110mg/dL미만 |
| | HbA1c | 4.6~6.0% |
| | 요당 | 음성(정성검사) |
| 칼슘 | 혈청 칼슘 | 8.6~10.1mg/dL |

| 검사항목 | | 참고치 |
|---|---|---|
| 요산, 신장 · 요로계 | 요산(UA) | 남성 4.0~7.0mg/dL |
| | | 여성3.0~5.5mg/dL |
| | 요단백 | 음성 |
| | 요잠혈 | 음성 |
| | 요산질소 | 8~20mg/dL |
| | 크레아티닌 | 0.7~1.2mg/dL |
| 간 · 췌장기능 | ZTT | 3~14IU/L |
| | AST(GOT) | 10~34IU/L |
| | ALT(GPT) | 5~46IU/L |
| | γ-GTP | 남성8~61IU/L |
| | | 여성 5~24IU/L |
| | LD(LDH) | 109~210IU/L |
| | ALP | 남성 102~249IU/L |
| | | 여성 82~211IU/L |
| | 총빌리루빈 | 0.3~1.2mg/dL |
| | 요유로빌리노겐 | 약양성(±) |
| | 총단백 | 6.5~8.1g/dL |
| | 알부민 | 4.1~5.1g/dL |
| | HBs항원 | 음성 |
| | HBs항체 | 음성 |
| | HCV항체 | 음성 |
| | 아밀라아제 | 혈청42~144U/L 요130~950U/L |
| 염증반응 | CRP | 음성 또는 0.4mg/dL이하 |
| | 류마티스인자 | 음성 또는 35 이하 |

## 《주요 참고 도서》


奈良信雄, 『一滴の血液で体はここまで分かる』, NHK出版, 2004

奈良信雄, 『病院の検査がわかる本』, 講談社, 1997

奈良信雄, 『名医があかす「病気のたどり方」事典』, 講談社, 1998

奈良信雄, 『これでわかる病院の検査』, 講談社, 1993

奈良信雄, 『遺伝子診断で何ができるか』, 講談社, 1998

奈良信雄, 『地獄の沙汰も医者しだい』, 集英社, 2000

梶原龍人, 『血液のふしぎ絵事典』, PHP研究所, 2008

毛利博, 『トコトンやさしい血液の本』, 日刊工業新聞社, 2006

坂井建雄/監修, 『血液の流れ』, 小学館, 1996

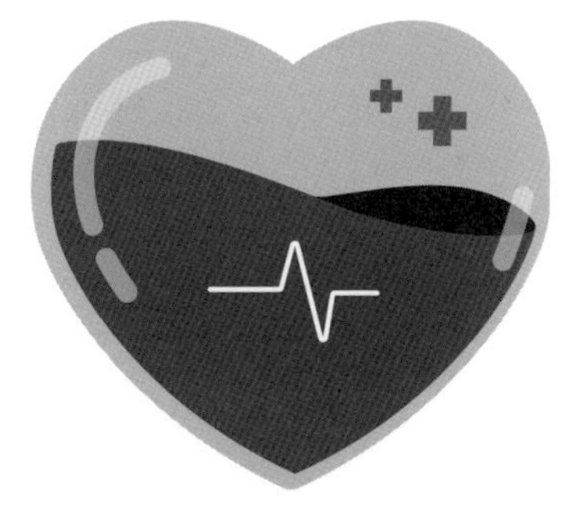

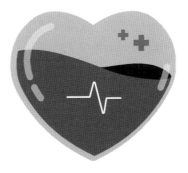

KETSUEKI NO FUSHIGI



# 하루 한 권, 혈액

**초판 1쇄 발행** 2023년 10월 31일
**초판 2쇄 발행** 2024년 07월 31일

**지은이** 나라 노부오
**옮긴이** 정이든
**발행인** 채종준

**출판총괄** 박능원
**국제업무** 채보라
**책임편집** 구현희 · 양지원
**마케팅** 문선영
**전자책** 정담자리

**브랜드** 드루
**주소** 경기도 파주시 회동길 230 (문발동)
**투고문의** ksibook13@kstudy.com

**발행처** 한국학술정보(주)
**출판신고** 2003년 9월 25일 제 406-2003-000012호
**인쇄** 북토리

ISBN 979-11-6983-753-8 04400
979-11-6983-178-9 (세트)

드루는 한국학술정보(주)의 지식 · 교양도서 출판 브랜드입니다.
세상의 모든 지식을 두루두루 모아 독자에게 내보인다는 뜻을 담았습니다.
지적인 호기심을 해결하고 생각에 깊이를 더할 수 있도록, 보다 가치 있는 책을 만들고자 합니다.